目录 | Contents

本土设计的思考与实践
—— 崔愷

崔愷

　　1957 年生于北京，1984 年毕业于天津大学建筑系，获硕士学位。现任中国建筑设计院有限公司名誉院长、总建筑师，中国工程院院士，中国建筑学会常务理事，国家勘察设计大师，本土设计研究中心主任。任教于天津大学、清华大学、中国科学院大学等高校，并作为多家专业杂志编委，积极推动学术研究。曾获得"全国优秀科技工程者"（1997）、"国务院特殊津贴专家"（1998）、"国家人事部有突出贡献的中青年专家"（1999）、"国家百千万人工程"人选（1999）、"法国文学与艺术骑士勋章"（2003）、"梁思成建筑奖"（2007）等荣誉；所主持的工程项目获得国家优秀工程设计金奖 1 项、银奖 9 项、铜奖 5 项，亚洲建协金奖 2 项、提名奖 1 项，中国建筑学会建筑创作金奖 3 项、银奖 6 项，WAACA 中国建筑奖 WA 城市贡献优胜奖等专业设计奖项。

　　非常荣幸应邀来到中央美术学院的"雅庄建筑设计讲座"。去年年底庄先生送给我一本关于这个讲坛的书，看到这本书里汇集了建筑师、工业设计师、平面设计师等各领域精英的演讲，让我感到很有美院"大艺术"的特点。因为这个讲坛历来请的都是名家，我倍感压力。当然，能够被邀请作为演讲嘉宾，我更觉得十分荣幸！

　　我一直对美院建筑学的教学方式非常感兴趣。我知道，很多同学虽然在美院学习建筑，其实原本是想学绘画、雕塑，最后成为艺术家的，但是因为种种原因选择了建筑，所以实际上你们骨子里应该是把建筑当成艺术看待的。这与毕业于工科大学的我们不太一样，我们更多地是把建筑当成工程，尤其是在国家建筑设计研究院工作这么多年，在这样的专业环境下做设计，感觉建筑并不是个人的作品和艺术创造，而更多面对的是现实城市，是社会问题和环境问题。所以在这个方面，对建筑的理解或许跟大家心目中想的、感兴趣的东西不太一样，但作为职业建筑师，我觉得有必要把我们在从业过程中的体会跟大家分享一下。

诸多名声都是过去的事情，且并未如人们赞誉的那样，实际上我只是一名一直在一线工作、不断思考，且并非十分成熟的建筑师。所以，我今天带给大家的演讲《本土设计的思考与实践》，仅仅是对自己这几年设计历程的总结和自问。当然，这次演讲也是针对当今建筑界的一些问题和困惑的一种本能的反应，故理论性并不是很强。

我提出的"本土设计"，被很多朋友戏称为"本土人设计"。其实我就是一名"本土"建筑师，没有留过学。讲坛中的很多人，很多中国建筑师都有留学背景，我很羡慕。我在"文革"以后进入天津大学学习，1984 年硕士研究生毕业，之后一直到现在，都在设计院工作。设计院换了诸多届领导，名字也从原来的"建设部设计院"，改成了现在的"中国建筑设计院有限公司"，到 2014 年我在这个单位就整整工作 30 年了，一直没换地方。也许正是这种比较保守的生活和工作状态，使我在不经意间积累下来的作品好像比其他许多同龄人更多一些，也基本上见证了中国改革开放 30 多年来的历史进程。社会、政治、经济的背景变迁，城市发展速度的从慢到快，从之前的穷困到今天的富有，当然还有人们观念的变化、生活状态的变化，这些都多多少少地反映在今天的城市建设当中。有人说，"建筑是石头的史书"，我觉得从这点上来讲，我多少有一点代表性，至少在某个侧面能反映一些社会现实情况。

有人问我，如何看待你的工作价值？我就是老老实实工作了 30 年，将来还会再工作十几年，这是一个过程，我的思考和设计从盲目、不成熟，到慢慢地进入某种有明确价值观的状态，也一定程度地顺应了中国建筑设计的发展趋势，有一定的典型意义。

在改革开放的发展历程当中，尤其是从十几年前国家大剧院设计竞赛的里程碑事件开始，中国向国际开放了建筑舞台。大家有目共睹，中国有许多著名建筑是外国建筑师做的。社会生活中有越来越多的国际化因素，网络的使用使同学们关注国际建筑界发生的活动更为便捷。在这样的情况下，全球化、国际化似乎已经成为不可阻挡的必然趋势。

诚然，这样的趋势总体来讲是好的，给我们带来很多新的理念、新的技术，中国的建筑也进入了国际语境。但不得不注意的是，在很短的时间内接触大量的国际化信息，也使得我们在设计中多少碰到了一些困惑。在匆忙当中我们接受了太多东西，又因为市场、消费、商业文化的急迫需求，大量的——我自己形容为"夹生饭"似的——不合时宜的设计出现在我们的城乡大地上。

行业内外的有识之士都在关心，我们的城市特色是不是消失了？我们是不是还要继续走中国特色建筑的道路？基于这些，我提出"本土设计"的观点。

关于"本土设计"，我最开始想到的是，因为我是本土人，所以我的设计叫本土设计。但是仔细想想不大合适，因为这样说比较狭隘，应该更强调建筑和土地的关系。换句话说，本土设计是以自然和人文环境资源之"土"为本的设计策略。它实际讲的是，设计要立足于建筑所处的土地，这块土地不仅仅是一块自然的土壤，它丰富而深厚，包含的信息很多，如自然气候特点、地质构造、经济背景、规划条件、当地文化特色，以及历史渊源等，所有这些都是这块土地需要你去学习和理解的。

本土设计需要对建筑场地进行深入解读后才能开始创作，这是基本立场。这种立场反对模式化设计、跟风的设计、为了迎合某种消费文化的所谓"品牌设计"，或者说是一种无视环境的标准化、重复性的设计，这些是我们所排斥的。

我认为本土设计是一种文化价值观，是一种文化的自觉。我们提倡回归理性思考，反对浮夸，反对以吸引眼球为目的而追风；我们要承担对人居环境的长久责任，而非急功近利；同时，在文化传承上强调创新，而非保守、倒退，并从中汲取营养。我们最终追求的，不是建筑师自己的作品如何，而是地域文化特色的保持和发展。这些是我的基本观点。

有朋友说，你这个"本土设计"可能跟以往建筑界曾经讨论的"继承传统""民族风格"比较像，但其实它和这些老话题是不一样的。我不想强调民族的形式，我觉得应该用更全面、更综合的方法和观念来看待文化传承的问题。国际上曾提出"地域主义建筑",尤其是弗兰姆普敦（Kenneth Frampton）[1]先生倡导的"批判的地域主义"——我的很多观点是从他的理论当中学到的，但若仅仅把中国的建筑实践当成一种地域主义的实践，总有种被边缘化的感觉。在国际建筑界的定位当中，地域主义建筑是国际建筑学的一支，虽然得到的评价很高，很多人坚持的地域主义创作也得到了很高的奖项，但是从整个建筑层面来讲，它依旧是一个比较偏的分支。而在中国提出本土设计，实际上是希望从更宽广的层面来看待中国建筑，它应该是一个更适合广泛应用、可以被大众理解的设计概念。再拿"批判的地域主义"这个词来说，专业人士都不一定理解它为什么叫"批判的地域主义"。难道不应该是"创新的地域主义"或者别的什么吗？很显然，这个概念从社会传播的层面来讲，也不太容易被大众接受。我希望"本土设计"这个词能让大家更容易地想到我们中国的设计、在中国土地上的设计。

我们希望中国建筑像一棵大树一样，扎根在自己的土壤当中，扎根在丰厚的人文、自然资源当中，通过立足本土的理性主义思考和创作，生发出多种多样的建筑。本土建筑既可以是新文脉主义的建筑，也可以是一种绿色生态的建筑，还可以是融入环境的地景建筑或反映地方特色的乡土建筑；既可以结合不同地域、不同创作主题，也可以揭示一座建筑本身的多元化。所以，它不是一座独木桥，不是以往特指的中国特色社会主义民族风格的建筑，而是用开放的、枝繁叶茂的形象来倡导一种中国建筑发展的思路。我想，只有这样，这条路才不至于是一条小路、一座独木桥，而是有更多元化、更丰富的可能性，是一条康庄大道。

这种本土设计的方法，在我们的平常工作中已经变成一种基本策略。比如说，在每次项目设计当中，我们特别重视对现场的考察和资料的整理，不仅对现场拍照，更通过各种渠道寻找其历史、文化的脉络，以及地方的、民族的各种资源。然后，我们在设计当中围绕着这些基本资料讨论设计的路径，寻找切

[1]〔美〕肯尼斯·弗兰姆普敦，1930年生，建筑师、建筑史家及评论家，著有《现代建筑：一部批判的历史》一书，曾在伦敦AA（建筑协会）建筑学院接受培训，现为美国哥伦比亚大学建筑规划研究生院威尔讲席教授。

入点，进而明确设计的方向，解决建筑的功能需求和各种技术条件，最终形成可以实施的设计。

当然，设计并不是一个建筑的完成，在建造过程中我们也比较强调建筑师到现场来控制建筑的质量。跟国外的建筑师相比，我们在实践中有一个比较大的缺憾——建筑师缺少话语权，除了在方案阶段的行政干扰和商业主义的压制外，实际上建筑建造的每一个环节都存在话语权的问题。我们的很多项目都赶工期，或低价中标，材料选择上业主也有自己的想法，并缺乏与建筑师的沟通，或者因种种理由强制建筑师改变自己的设计，这些都是很多建筑建成后并不理想的重要原因。所以，我们这些年特别有意识地要求团队里的设计师多去现场，而且把它当成培养青年建筑师的必要程序，对建筑师的考核中要求其必须有下工地的经历，且时间不少于4个月，这样就把人才培养和工程质量控制结合在一起了。当我开始有一点话语权和地位，接项目的时候便会有言在先：请我们做这个项目可以，但是我们不仅仅负责建筑设计，景观设计、室内设计也要做，选材料的时候要有主导权——大家可以商量，但不能背着建筑师选材料。与业主的这些约定，使我们可以在一个相互信任的环境中进行创作，这是很重要的条件。当然，后面的工程施工中往往也充满变数，理想的状态并不多。

在这样的环境中我的工作室团队努力工作，10年来做出了一些尚称得上作品的建筑，得到了一些褒奖，让人欣慰。但建筑建成的那一天并不意味着我们工作的全部完成，而恰恰是建筑生命的开始，建筑的使用状况会说明建筑本身对环境的适应性。两年前我让一个研究生专门回访我们做过的建筑，发现不少建筑被错用、误用，甚至被业主偷偷改造，这是我们建筑师特别不愿意看到的情形，不少同行都知道要趁着建筑刚刚盖好时赶紧照相留念，因为以后它可能会变，不可能总会保持我们所追求的那么纯粹、完美的样子。

当然坦率地说，建筑的使用状况不好，与我们社会的建筑文化价值观有很大关系。也有人这么说，中国人对建筑的认识就是利用，并不是把它当成特别崇高的、值得被尊敬的艺术空间来珍惜。在日本、欧洲，我们可以看到很多历史建筑使用得非常好，也有很多优秀的建筑受到非专业人士的研究和爱护。我们参观过一些著名大师的建筑作品，无论是义工还是普通管理者，他们在讲解时津津乐道很多细节，让人非常感动。而在中国，甲方往往仅负责建设，使用方根本见不到他们，而使用方对建筑的理解完全是功能上的，如怎么使用方便、管理方便，所以会普遍出现问题。当然这是中国建筑的现实，也是本土设计必须要面对的，我们在自己的设计中必须对此做些预案和考虑。

总体来讲，我们在本土设计的基本理念下做了一些思考和实践。此次演讲主要简单讲解些基本概念，介绍一下我们这些年完成的和正在建造的项目，与大家共勉。

本土文化和当代建筑创作有机结合

苏州火车站（2007—2012）

苏州，一个有着悠久历史的著名文化古城。说起苏州，大家直接想到的都是苏州园林、水巷，这些密集排列在一起的私家小空间十分精美有序。当然，苏州博物馆也是大家非常熟悉的现代建筑。苏州在城市建设当中坚持"苏而新"的风貌控制要求。

几年前我们参与了苏州火车站的竞赛，建筑位置就是原来的老火车站。也因为是在老火车站原址上重建，所以要先建一部分新的铁路线和站房，把老站的功能设施搬过去后，再把原来的老站拆掉，建新站来对接，前后用去 6 年多的时间。原来的老站只有一万平方米左右，建于 20 世纪 70 年代末、80 年代初，而新站有八万多平方米，规模要大很多。于是，这样的一个场地就面临着"大"和"小"的问题。

小城市、小街道、小河道，面对的是一个大车站。站棚和站房连在一起，形成一个超大型屋盖系统。如何将其和老城肌理建立联系？我们结合空间结构的系统研究，最后选择了折板式屋顶。我们希望从屋顶看过去，它有点像苏州老城的一片片街坊，而由此形成的菱形空间钢桁架体系，不仅适应了大跨度空间要求，也变成了有地方特色的菱形语汇系统——大到屋架支撑体，小到立面格栅和广场

苏州火车站的菱形"灯笼"

苏州火车站候车大厅的白色折板天花板

苏州火车站入口

苏州火车站的白墙院落意象

苏州火车站远景

灯具，菱形成为有机的现代空间设计要素。另外，我们将办公区、售票厅、贵宾休息室、商务候车室统统安排在大厅外侧，形成若干可以自然采光、通风的小天井，也跟苏州的园林特色有关。我们还设计了两个停船码头，使得旅客下火车后，除了可以乘公交、地铁外，还可以顺着河道游览苏州。站前广场上还有候车廊和白色景墙，配以树林、水池，为旅客休息提供良好环境。这些都是我们在设计中主动把苏州的传统、文化跟新站建筑相结合的策略。

应该说，这样的思路跟以往传承民族形式的创作方法是有相关性的，换句话说，我们汲取了某种典型的地方建筑语言，然后用全新的结构、材料来进行诠释。同时，我们不仅仅从形式出发，也从环境和空间的特点出发，以避免从形式到形式的解读，希望在传承的同时有所创新。

德阳奥林匹克后备人才学校（2010—2013）

国际奥委会和中国奥组委为汶川震后重建注资 500 万美元的一组校园建筑，由于征地拖延，直到 2013 年初才基本全面竣工。

德阳市是四川省的一个比较重要的工业城市，大的军用和民用工厂都在此地，所以在这里做设计，我们的地域文化参照系并非是四川的地方民居，而是这座工业城市的自身特色。

德阳奥林匹克后备人才学校体育运动学校，过去是专门培养体育精英的培训基地，很多孩子进入学校就是为了拿到奥运冠军。但实际上这样的培养模式对普通大众的体育发展并没有直接的帮助。我们想把体育运动学校变成一个符合奥林匹克精神、以改善大众健康为目的、承载城市健康文明的场所。于是，我们把它设计成一个开放型的学校，把整个场地做了十字形分区，分布着篮球场、足球场、田径场、网球场、门球场。十字形的正中间是共享的服务空间，有更衣室、管理用房、库房；西边是教室区，还有学生宿舍和食堂；南边是游泳池；东边是网球场；北边是综合技能馆、羽毛球馆。长长的廊道把所有场馆联系起来，形成

德阳奥林匹克后备人才学校远景

了一个开放性的体育公园服务中心。这个学校的建筑结构系统简洁清晰,下部廊道用清水混凝土来做,上面大的空间采用拱形钢结构,表现出工业建筑的力量感,也有一种"骨骼"美,传递出体育健美的精气神儿。

场地的中心部位结合管理和服务用房,形成一个聚会的公共空间,也变成对汶川大地震的纪念场所。这里的层层看台适合人们集会,看台的四个坡顶呈漏斗状,可以令雨水汇流而下,有一种唤起人们怀念之情的特殊效果。

在细节层面上,我们也用一些地方材料,如插瓦的地面、竹门窗、竹格栅、花砖墙等,以此来表现地域特点。我们还在设计中把一些奥林匹克的知识信息表现在环境细节上,如大门的设计和五环服务亭的设计,既表示对捐赠方的尊重,也传达了奥运精神。

青海玉树康巴艺术中心(2010—2014)

这是为青海玉树所做的震后重建项目。青海玉树是藏族占总人口 99.5% 的藏区。在藏区做援建有种特殊的感觉,和我们以前在拉萨设计火车站一样——当我们去援助一个建设比较落后的地方时,那个民族非常纯洁和高尚的宗教情结又反过来教化了我们。所以我们在藏区援建的感觉不是给予,而是学习。藏族的城市跟其他地方的很不一样,有着质朴的当地材料和高密度的城市肌理,这样的肌理又具有很强的规律性,比较均质,呈现出很有特色的板块状。我们设计的康巴艺术中心基本上采用方合院的形式,是一个占地两万平方米的综合文化建筑,包括剧院、电影院、图书馆、文化馆。把两万平方米做成一整个大建筑,是通常的做法,但考虑到两万平方米的大建筑在这个小城里会显得比较突兀,我们有意识地将它做成一组小建筑体量的组合,使它融入原有城市的尺度当中,尽量保持原来传统城市的肌理。另外,我们利用典型的内向合院空间来组织功能,形成一个城市当中的聚落,而不是一个独立的建筑。

因为这里地处地震区,所以建筑不能做高,基本是在总高度24米以下的两到三层建筑。错落的体量和空间,使建筑变得十分丰富,里面的空间也变得比较有趣。在色彩上,我们没有简单模仿,而是结合建筑本身的采光、墙面的纹理,

青海玉树康巴艺术中心

以及局部的色彩和少量的装修来表现其与藏族建筑传统的关系。

　　这个艺术中心建成后，实际上是一组建筑的组合，呈现的是一种密集的城市空间趣味。一般的建筑设计很少产生这种感觉，所以我们特别有兴趣在这样一个特殊的环境下尝试这种设计语言——用聚落、几何性和非几何性的东西进行设计，包括色彩、窗子——使其既有现代感，又希望能够表现出对地域气候的响应。当地的阳光非常强烈，所以我们多利用高窗，在一般的外墙上减少窗子的开启，减少直射光。这些都是我们学习藏族建筑并付诸实践的体会。不同尺度的窗子交叉组合成一种新的设计，看上去又有一点非常有机的无意识的多样性。

　　在建筑材料上，藏族建筑一般多用石头，用原始的灰浆和石头组成粗犷的立面。我们在当地调研中发现玉树没有太多的石头，因为这里是三江源水源保护地，不允许开采山体。于是，我们使用了工业性材料，用混凝土砌块形成多样组合，再在上面刷比较薄的白色涂料来营造粗糙感，让它形成一种比较粗的肌理，在阳光下呈现出丰富的光影效果。

关于采光，藏族建筑的光线是很特别的，当地居民一般从高处的侧窗把光线引进去，通过里面的家具、色彩、织物把光漫射开来，跟现代建筑用光不一样。在设计中我们也专门做了采光的特殊研究，这也是对地域文化深入思考的一个方面。光进入室内的方式，跟我们在北京做建筑的感觉是不一样的，阳光从空间的高处进入，下面留一些小的观景窗、通风窗，营造出上明下暗的空间视觉效果，很有立体感，有一种向上升腾的感觉。

由于造价很低，我们着重强调结构的单纯性，如大部分混凝土结构采用清水效果，直接暴露在外，减少装修工艺，仅用一些彩色涂料和彩色玻璃表现藏族装饰艺术的特色。

建筑与自然环境保持和谐

本土设计要使建筑与自然环境保持和谐，这点也是我们在工作当中需要遵守的重要原则。也就是说，我们接到的一些项目，如果完全处于自然环境当中，甚至处于风景区当中，就要尽量采用自然的语言，或者说是模仿自然的语言，以便使建筑和自然相协调。

杭州杭帮菜博物馆（2010—2012）

杭帮菜博物馆位于杭州江洋畈生态公园内，场地的北、东、西三面环山，中间地势平坦，为西湖疏浚淤泥库区。经过将近10年的自然干化，现在江洋畈淤泥库区已形成以垂柳和湿生植物为主的次生湿地。当地政府希望结合湿地公园建设，把博物馆一同盖起来。此项目占地一万平方米左右，计划将其造成一所餐饮文化博物馆，也是可以品尝美味的特色餐厅。在周边山林的环抱中，这里的景观效果较为独特。

因为地处一个小山沟，一万平方米的建筑会显得特别大，我们设计时十分

杭帮菜博物馆全景

消隐的杭帮菜博物馆

杭帮菜博物馆的传统白墙与现代建筑的组合

杭帮菜博物馆的传统灰墙与现代建筑的组合

杭帮菜博物馆细部

注重分解建筑的体量，使它在立面上呈现比较多变的轮廓线，并采用坡屋顶，以与山景协调，也产生传统村落之感。我们在其屋面上做了绿化，再一次让建筑被绿色覆盖。同时结合西立面的遮阳设施，做了绿色的竖向格栅，像竹林也像水边的芦苇丛，消隐了建筑。

建成以后，我去过现场，感觉这个建筑设计策略确实比较成功。建筑被树林分解了，在公园不同角度看，都很难看到它的全貌。它是一段一段展现出来的，每一段都跟周围环境有对话的关系，包括后面的小山、树林，以及前面的湿地。

因为是在湿地公园里面，我们希望建筑是通透的，能够观景，但是总有一部分，例如厨房、卫生间等服务空间需要进行适当的封闭。所以，我们插进去一些跟地域传统建筑有关的灰墙、白墙的小房子，配以一些老门楼、老窗扇，形成一种新旧组合。不同建筑体量的穿插使得设计更有趣味，也再一次令建筑变小。

　　我总希望建筑能变得亲切，当我看到这个房子建成的状态时很是欣慰，好像这组小房子在这个山沟里已经待了很多年，不像一般的新建筑那样，在场地中往往难以与自然环境相协调。

北京谷泉会议中心（2005—2012）

　　谷泉会议中心位于北京市平谷区大华山北麓，距北京城区约 90 公里。场地处于大华山面向西峪水库的山坳中，西北侧正对水库，这个水库是当年我插队时为了水利灌溉而修建的。北京周围的不少水库被度假村所包围，而这儿基本上保持了自然风貌，只在山坡上有几座小建筑。我们要在这里盖一个占地近五万平方米的会议中心，应该说难度很大，换句话说，如果盖一个城市型的酒店，放在这里显然不太合适，会相当突兀。经过各种分析，我们最终选择了融入环境的仿自然形态的设计方法。我们将建筑体量嵌入山体，主要客房如梯田般分布在两侧，客房平台上都设置种植池。建筑中部是公共空间，采用不规则的巨石状建筑形体，上下高差将近 30 米，每一层空间都会转换变化，联系着不同的功能。所有空间在山体上层层叠叠摞起来，呈现出一种垂直方向的叠层组合形态。我觉得这是山地建筑应该呈现出来的特色，也觉得向自然学习是一种重要的创作方法，当这些地方慢慢都被屋顶上的绿化、阳台上的绿化覆盖起来时，这座人工建筑就真的消融在自然中了。

　　在建筑材料上，我们也希望跟一般的人工材料有区别，达到跟山石接近的效果。我们最初想将乱石叠起来，但是从工程上来讲，无论是荷载、安全性，还是施工操作上都无法解决，最终选用了宝贵石艺公司的 GRC 再造石工艺对岩石肌理进行脱模复制。虽然是模仿的材料，但是反过来想一想，如果我们把真的石头从山上开采下来，山体肯定会遭受很大破坏，而采用模仿的材料，则能保护山体、减少开采，是很有意义的。

　　这样的形式语言，我不认为徒有其表。我觉得任何一种形式最后变成建筑语言时，都应该对建筑空间有更积极的作用。所以，虽然室内装修是由广东集美组

北京谷泉会议中心远景

跟我们合作完成的，但室内空间形态也是由建筑形态引导而出的，由此可见建筑是一种从外向内、系统性的空间语言。

北京 2013 年春天的雪下得非常好，我们的客户拍了照片发给我们，雪后银装素裹的世界里，整座建筑仿佛身处童话世界，成为大自然的杰作。

北京谷泉会议中心近景

北京谷泉会议中心的钻石天窗

北京谷泉会议中心的巨石状公共空间

雪中的北京谷泉会议中心

莫高窟游客中心（2008—2015）

　　几年前我们为甘肃敦煌莫高窟做了一个游客中心，2014年10月基本建成。敦煌，学历史和艺术的人一定会非常熟悉，因为这儿有著名的世界文化遗产——莫高窟壁画。沙漠环境也使这个地方变得有些神秘，每年有很多游客到此参观。但由于大量游客进入洞窟带进了很多湿气，洞窟里的壁画产生碱化反应，受到不同程度的破坏，慢慢失去颜色，这是急需解决的问题。于是，国家决定投资建一个游客中心，让游客在这里的电影院里了解敦煌壁画艺术，再到少量开放的洞窟里进行简单的参观体验，这样就可以避免大量游客进入有珍贵遗存的洞窟中，从而把这些丰富的文化遗产留给后人。游人中心选址在敦煌机场旁边，离火车站也不远，距离莫高窟大概15公里。游客在这里看完电影再去洞窟体验，有专车送游客，据说还会有骆驼队，可以像以前那样骑着骆驼在戈壁滩上行进，一定挺有意思。

这个场地处在戈壁滩边上，我们在设计中采用的是另一种自然语言——把建筑变成沙丘，用沙丘的语汇来设计建筑、广场和景观，并把它转换成空间语汇，形成流动空间。我们采用了犀牛和 Revit 软件，不仅画了施工图，还把模板图也提供给施工单位，这样才能做这种比较复杂的造型。为了适应气候特点，我们采用地道风进行降温、地源热泵采暖，以及双层通风屋面来减少日照热辐射等其他节能技术。

以后大家去敦煌的时候最好坐在飞机右侧的窗口边，这样就可以看到这座建筑的全貌，因为飞机下降时都会经过那儿。从地面看，建筑跟大地融合在一起，形成了一个特殊的建筑形态，成为当地自然景观的一部分。

这个建筑的整体形态都是用混凝土做的，但是很显然，用清水混凝土做到很好也不太可能。另外，我们特别希望它本身的材料和色彩能跟沙丘完全融合在一起，于是用当地的碎石、沙粒，结合水刷石传统工艺做了外立面，既简朴，整体效果也不错。

室内基本上用米黄色的仿砂岩涂料加以整合，以表现结构空间的力量感，并尽量少吊顶。当然局部还会有些反映敦煌艺术的主题呈现。

莫高窟游人中心远景

反映现实生活并有机结合城市生活

刚才讲到的是建筑和自然环境的关系。下面的主题是：本土设计应该反映现实生活，并与今天的城市生活有机结合。当然，这也是我们做得最多的一类建筑项目。

北京西山艺术家工坊（2007—2009）

此项目位于北京西四环和西五环之间，四季青乡杏石口路边。本来这只是个房地产开发项目，但是开发商黄总特别有艺术情结，希望把北京西部艺术和设计界的客户——像清华美院的老师——吸引到这儿来，所以要求我们做个艺术家工坊。

这是一个只有 90 米 × 90 米的方块地，却要设计出 70 户创意工作室单元。

北京西山艺术家工坊

我们最大化地利用场地空间把工作室集成组合起来，6米层高、7米开间、14米左右进深的单元空间，围合成一个立体的方合院，主要入口在西北角。艺术家一般处于一种创作和休息不分的混合状态，所以我们把工作室和休息室上下组合起来；为了突出创作功能，避免其成为住宅，我们将上面的休息空间做小，下面的创作空间做大，下大上小就形成了一个连续环绕的屋顶平台，而这个平台就成为艺术家可以互相交流的小街道，设计"圈儿"的基本概念就这么产生了。这样的做法形成了一个立体的空间，也是对艺术家创作的工作状态、生活状态的一种描述，形式反映了功能。

这里原来是四季青锅炉厂，设计中保留了一个老厂房，还在工作室外墙采用钢板来表现工业的感觉，非常有艺术的酷感。

在这一组工作室建成之后，开发商请我们在西侧建立小剧场、美术馆、电影院和商业街，以形成西山地区艺术活动的中心。这两年，它们已经陆陆续续建成和投入使用，艺术活动也比较多，文化氛围愈加浓厚。

南京艺术学院规划及单体设计（2006—2013）

这些年，全国大学城和新的大学校园建设形成一个风潮。我们不仅参与了一些新校园的建设，也对老校园的改造给予较多的关注。因为尽管这些老校园比较拥挤，环境也比较衰败，但最重要的一点是有历史，而学校的历史是校园文化很重要的组成部分。

南京艺术学院坐落在南京市外秦淮河畔，北边是江苏省电视塔，南边是南京工程学院的一个老校园，7年前南京工程学院把这块场地卖给了南艺，我们在接触这个项目时，两块地合并成了南京艺术学院的校园。但是它们在文化气质上没有很好地衔接，而且由于原来分属两个校园，各自以自己的校园空间为核心，互相之间没有交集。它们中间一座很好的自然山体成为了彼此的分隔带。我们把两个校园整合成一个校园，就是要把整个学校的空间中心转向这座由绿树覆盖的自然山体，即把这个丘陵地当成校园核心，而不是树立某一个所谓的标志性建筑，这点特别有价值。

南京艺术学院设计学院

　　校园里原有的大部分建筑都被保留，由于校园进行改造时教学仍在继续，所以只能在里面见缝插针地有序改造和新建建筑。前期的环境梳理包括多次现场调研，发调查问卷和进行访谈；明确需求后，再在这个基础上做好规划。我们关注的重点是在改造和建设中多创造一些校园的公共交流和艺术活动空间，而不仅仅是做建筑。

　　一期项目是把艺术学院校门从东侧转向南侧，在原工程学院的校门位置设计了新校门，巧妙地形成空间轴向的扭转——不是对着原来的教学主楼，而是面向自然的山体绿化。我们也对整体的学校前区空间进行了改造，如原来普通的教学楼变成了艺术学院的设计楼，原来的土坡下设计了停车场，原来的篮球场被升了起来，并在篮球场下面建了艺术车间。

　　设计学院6层主楼以教室为主，配楼为展厅。主楼顶部也加建了整排天光画室，并在主楼东南角的位置加建一组6层高（不超过24米）的教学房间，与原建筑稍微脱开（便于基础处理），各层以桥相连。各房间根据空间尺度的不同，可以分别用于展览、教学、会议和制作等。建筑南立面有着方整的秩序感，对应于内部空间穿插了大小不同的方盒体，形成丰富的立面表情，为南校门区立起一块具有提示作用的艺术墙面。

图书馆的扩建占用了原来老图书馆旁边的锅炉房和堆煤场的位置，处于学生由宿舍区到达教学区的必经之路上。因此，我们将整个建筑底层架空两层，使学生可以由宽阔的生活广场（由厨房屋面改建）穿越建筑底层，经大台阶直达公共课教学区，同时也便于新老馆的阅览区无高差平接。

图书馆新馆是老馆功能的拓展和延续，因此新馆的建设和老馆的功能调整需要统筹进行。基本功能分区是新馆设置大型开敞式阅览室，办公等辅助功能和其他类型的阅览室则安置在老馆内。新馆处在周边老建筑的夹缝中，因此其建筑形体应与周边建筑在尺度上尽量接近；同时为争取方正平直的使用空间，最后的建

南京艺术学院图书馆

筑体量是南北向长方体，底层架空以保证屋面与老馆相平。大跨度的柱廊和东西向的遮阳百叶窗使建筑体量显得更为轻巧，避免了可能出现的壅塞感。架空层底部的台地和坡道，尤其是露天圆形剧场与校园地势相契合，为学生提供了有舞台感的活动空间，也使坡地植被与周围环境融为一体。

宿舍区的扩建则是将工程学院老宿舍楼进行了拆除重建，精心保护了法桐树荫大道，用廊道把不同标高的平台衔接起来。我们利用底层架空层布置了公共性空间，除楼长室、缝纫间和洗衣房外，主要设置咖啡厅、茶室等休闲空间。宿舍建筑底层架空，上部形体规整简洁，立面利用阳台晾衣木百叶的错动形成轻松的肌理，干练明快。与此同时，立面局部的室外活动平台与整片实墙面形成生动的对比。

我们在原南艺的操场上增建了演艺大楼，以解决大量教学设施的安放问题，包括小剧场、排练厅、音乐学院、舞蹈学院等教学用房。我们巧妙地将大小空间进行组合，用外廊外楼梯满足通风和集散需求。建筑整体形态反映了对环境的应对策略。为了避免南北较长的建筑对东西向景观视野形成拦阻，我们将此建筑体量中部切开和削减，在三层入口区形成山地景观的视线穿越。

演艺大楼的建筑立面是对内部空间的真实反映，这一点在剧场舞台部分表现得尤为明显。大量的东西向外廊采用了成排的通透的百叶窗阵列；外挂琴房由于面宽的差别，立面开窗的位置和封装空调室外机的格栅具有跳跃的节奏感。这样在立面上，格栅、开敞平台与半敞开的遮雨外廊等建筑元素，形成了既有规律又充满变化的组合，并与剧场区大面积的清水混凝土墙面形成对比，具有戏剧化的装饰效果。

最后，我们结合音乐厅周边狭小的用地建了一个美术馆，巧妙地把这两个建筑在形态空间上结合起来。设计中，通过柔化美术馆的形体，以向心的弧形体量与椭圆形音乐厅扣合在一起，形成紧密的"共生体"。同时，我们在建筑布局上关注其与周边环境的呼应，把美术馆机房部分埋入地下，然后释放其屋面空间，形成一个面向城市街道的艺术广场，为这座城市提供了具有凝聚力的公共开放空间。

美术馆外部造型采用了向心的弧线体形，对音乐厅形成半围合之势，这种整

南京艺术学院学生宿舍

南京艺术学院演艺大楼

南京艺术学院美术馆

合设计使建筑在形体上更为完整、流畅，也更富于视觉冲击力，能够有效地强化公众对此地的认知，确立建筑的城市地标特质。同时，美术馆的建筑造型还十分注重与校园空间的呼应。从每一个校园街道或广场望去，美术馆浑然朴拙的形体都会给师生留下深刻的印象，成为精彩的底景，充分表现出独特的艺术感染力。

当然还有绿化的整合、环境的整合，值得一提的是，校园中的许多室内和室外景观设计都是由南艺的师生们合力完成的，最终建成一个充满生机的校园。

北京神华大厦（2007—2010）

神华大厦位于北京北二环边上，是一个央企的总部大楼。这组建筑处于北京城市中轴线的西侧，原来的建筑整体比较杂乱，是比较破碎的城市界面。神华原来的办公楼旁边有座小写字楼，北边是住宅，西侧是酒店。几年前，神华公司因为要上市，需要拓展办公用房，买下了旁边的那座写字楼，并对其一起进行改造。

我们当时遇到了一个比较大的困难：因为后面是住宅，所以办公楼不可能盖成高层；而它周围又都是高层，中间低矮的7层办公楼困陷其中，我们不得不思考如何让这个小楼在尺度上与周围复杂的环境相协调。再就是客户希望增加面积，尤其是地下空间，我们必须认真研究如何利用场地空间，努力将原有的比较杂乱的城市界面整合起来。为此，我们在保持原有建筑高度不变的前提下，利用前区不一致的退线空间，把建筑向前扩展，并借机将原本不在设计范围之内的神华高层办公楼的前厅空间整合加大，这样矮建筑就与高建筑连为了一体。另外，神华大厦原来的楼顶上有一个似坡顶的"绿帽子"，形象不雅，我们把这个新体量向上延伸，一直爬到楼顶，把"绿帽子"摘了。我们开始只是建议性设计，但是甲方很快接受了这个方案，一是可能因为把"绿帽子"摘了，二是矮楼经这么一改，变高了，在空间、尺度上与高建筑取得了平衡。还可能因为它的形态有点像条龙吧！其实在中国建筑的现实语境当中，建筑需要某种象征性是不得不面对的问题。

北京神华大厦局部

改造功能方面就不详细介绍了，我们主要解决了原来写字楼办公空间进深小、效率不高的问题。另外，我们给原来总部办公楼也加了一块空间，中间形成了门廊，使得一边是新办公楼，另一边是改造的办公楼，它们形成了统一的形象，成为神华集团的总部。

我觉得这是个很费神的项目，既要考虑不遮挡后面住宅的阳光，还要考虑新建筑和现有办公楼之间的关系，以及结构问题、机电问题，它的室内设计也是我们做的，耗时比较长。但是这样的设计对于城市界面的整合有积极意义。这类建筑改造，现在很多设计院并不太愿意做，不如设计新楼，而且面积也没多少。但是随着今后城市的发展，外围用地越来越少，很多消极空间可能都需要整合，因此我觉得这也是一次很有意义的尝试。

徐州建筑职业技术学院图书馆（2009—2015）

徐州建筑职业技术学院图书馆所处环境是老校园里的一处拓展区，周围有山地和非常好的景观，用地呈侧向缓坡，有树和小水塘。我们没有按一般图书馆的样子设计一座"知识的殿堂"，而是希望它像一棵大树，营造一种在树下阅读的感觉，并使得图书馆周围的自然地形，如坡地、水塘，也包括之前穿越它的路径得以保留。我们把学术报告厅、自习教室、书

徐州建筑职业技术学院图书馆外观

店、咖啡厅分散在建筑下部，形成开放性的空间，图书馆门厅、展厅、设备机房则和上面的阅览区连在一起。我们尽量把外围窗户加长加大，因为自然环境好，希望学生们可以在窗边看书时，抬起头来就可以看到外面的景观。阅览区层层出挑、错叠，如错落的书本叠成。窗下设有连续的花槽，屋顶也希望能种上绿植。由此，最终形成的剖面水平向伸展、底层架空，从剖面上可以看到刚才说的沿窗的阅览桌和绿色建筑的一些措施。建筑的空间组成引起了结构的模数化、井字梁、斜撑支柱、八角柱、全面清水混凝土，所有这些成为一个整合的系统。因为这是建筑类院校里的建筑，我们特别希望它有一定的教学价值，所以采用了全专业的"BIM[2]系统"，在三维模型的控制下，也达到了较好的施工质量。

这座图书馆在2014年暑假全面建成。我们希望它是跟自然环境亲和的、能创造新校园公共活动空间的、有绿建技术性的建筑。

应将地方材料、建构技术和生态策略用于建筑创新

我们在本土设计当中也会重视地方材料，但一些地方材料的利用往往不符合今天的设计规范和安全性要求。例如，在北川重建中我们做的北川羌族自治县文化中心，为了强调羌族原始部落的延续性，除了在建筑空间和形体塑造上下功夫，在外墙设计上本想用他们传统的片石做法，但是由于抗震问题不好解决，最终用了人造文化石。在青海玉树的康巴艺术中心，传统藏族建筑外墙是用石块和灰浆做的，看上去有斑驳的肌理感。我们设计时为了保护生态环境，没在当地开采石头，而是使用了混凝土空心砌块，并专门做了砌筑研究来表达藏族建筑粗犷的感觉，也用了一种特殊的建构体系。在辽宁五女山为高句丽王城遗址做的博物馆，我们用了大量小石头来垒砌石墙，与王城遗址的材料一致，形成和遗址的对话。在四川凉山彝族自治州建的文化中心，我们不仅仅关注建筑材料，而且还关注当地的器皿、少数民族的工艺品、服饰和色彩，使得建筑既有地方特色，又不是简单的模仿，形式语言有所创新。2013年，我们在鄂尔多斯完成了东胜体育场，对其外墙材料的处理，考虑了地域的历史遗址，用了预制的再造石GRC技术。其不同方向的条绒肌理，在阳光下呈现出一种丰富的效果。

建筑的起点：著名设计师演讲录

34

---

[2] 建筑信息模型，是以建筑工程项目的各项相关信息数据作为模型的基础，进行建筑模型的建立。这一模型通过数字信息仿真模拟建筑物所具有的真实信息。

今天我在这里对本土设计的基本思想做了简单的介绍。在这种思想的指导下，我们做了一些建筑，这些建筑并不是说在建筑艺术、建筑学理念上有什么不得了的成就，最心安理得的是我们这些建筑在特有的环境中得到了大家的认可。它们跟自然环境、城市环境、校园环境都能有机结合、相互协调，这是我们的基本宗旨所在。

我做的项目比较多，但这不是我个人的成就，而是我们团队的共同成果。我们工作室有 30 多位建筑师，包括毕业于中央美院的诸位建筑师。我们希望本土设计立足于悠久的历史传统之上，像美丽的油菜花那样每年盛开，推陈出新。这也是我们对本土设计的诠释。

当然，应该说国内有很多优秀建筑师的作品都很本土，都做得很好，有很多还获了国际大奖，他们都是用创新的建筑语言来诠释地域的文化，相比之下我们做得并不是那么好，更应向他们学习。所以我们总是年年种油菜花，希望它开得更好，也希望我们自己的这条路走得更长远。我就介绍到这儿，谢谢大家！

问答部分

Q1：我刚才看徐州建筑职业技术学院图书馆那个项目的时候注意到，您为了采光而做了架空、悬挑设计，中国古建筑也是用这种柱子撑起来的。您为什么在做的时候没有用斗拱设计？

崔愷：您说的没错，中国的斗拱最开始就是一个简单的支撑体系，但后来可能跟木材料大小有关，大的材料越来越少，所以就出现用小木材做大支撑的力学需求。在明清时代，斗拱变成了装饰。当我们看到这样一种发展时，我们也更多、更直接地感受到我们的先人原本利用这样的建筑构建，正是为了挑出更大的屋檐来保护木构建筑不受气候的影响。

我们在设计这个项目的过程中，首先便是希望下面尽可能通透，成为校园的开放性空间，尽可能减少大量的柱子落下来，这是基本出发点。这种悬挑可以做吗？如果用钢结构，连现有的那些斜柱子都不需要。像央视大楼，可以做到60多米的悬挑。但是学校建筑造价不允许，所以我们采取斜柱子，以减少柱子落地，这是基本的出发点，而且符合力学原理，就是这么简单和直接。我们没有刻意地想它是不是斗拱。今天你说起来我才注意到，其实这就是建筑结构的逻辑。

Q2：您做了这么多作品，最大的困难是什么？

崔愷：困难在每个作品当中都是有的，比如，能否有效地控制设计？你的选择能不能被业主认可？我们有很多没有实现的设计，即便是出于善意地对地域文化、地方环境的考量和尊重，仍然也可能不会被地方政府和业主重视，他们会说："我就要标志性的，就要国际化的，就要世界第一的。"

在这种情况下，在这样一个大的语境下，中国建筑师处于比较尴尬的地位，首先是在国际竞赛当中被排斥在外；其次是在实施设计的过程中，经常被浮躁的、以政治野心和企业野心为主导的方向所左右。我们的建筑师经常处于这样一种状态。

今天，我能拿出这些房子给大家做介绍，是因为这些业主给予我们宝贵的机会。因此要感谢他们，否则这些构思都不可能实现。实在地说，今天的创作环境并不理想。

Q3：听了您的报告之后，我想到中国还有其他的优秀设计师，比如刘家琨、王澍，他们对于建筑的风格化有些探索，是很个人化的建筑师。您对这种趋势是怎样看的，有怎样的期待？

崔愷：这两位建筑师是我的老朋友，他们对我的工作很有启发，我也非常佩服他们。作为建筑师来讲，说实话，我很羡慕他们那种业余的、个人化的、乡村化的状态，完全是在自己意志的主导下选择业主来做项目。而我们在大设计院里做设计，还要考虑"产值"，所以多少是被动的，蛮羡慕他们的。

我觉得这些个人化的事务所的发展确实在中国产生了越来越好的影响。近些年，这些事务所，尤其在很多海归建筑师的引导下，所形成的新学术立场备受业界关注，这也让我们大院的院领导和建筑师们感觉到，大家要向他们学习。

我们集团总共有上千人，分设备专业设计院，院里还有很多工作室，包括建筑师工作室、结构工程师工作室、设备工程师工作室等。为什么我们要成立工作室？就是要把大设计院行政管理体制变成以设计师为主导的创作机构。因为带领五六个人设计，我感觉自己的控制力就非常强。而如果是五六十人的规模，你差不多就只能做管理，做不了设计，所以必须对工作室的规模进行控制。

今天中国建筑的市场，已经开始从我当年参加工作时人们只知道设计院、不知道建筑师是谁，演变成不仅仅找设计院，还要找设计院里那些更适合的建筑师来做设计——这是一种对建筑师品牌的认可。这也使我们的工作室变得很有效率。一定要让年轻的建筑师逐渐培养出自己的专业信誉，再去面对市场。

总之，在这样一个总体的变革趋势下，全国很多大型的民营设计院不再是人们所想象的那样保守、沉闷，而呈现出了多元化的、尊重每位设计师个性的创作状态，这是一个非常好的趋势。我觉得民营事务所和一些小事务所对中国建筑的发展起到了很大的促进作用。

Q4：通过刚才的演讲，我觉得您在本土建筑上比较关注本土地貌环境和材料，但是你有没有考虑到本土人的生活习性？

崔愷：我知道你的问题，就是说老百姓喜欢什么。这件事真的可以聊很多，但从我个人经验来讲大概是这样的：一方面本土设计主要是为人设计，所以我们特别希望设计能够被当地人接受，我们的方法是尽量用他们所熟悉的某种语言来表达建筑和空间。就像我们在藏区，包括我们在北川做的项目，以及在苏州做的希望表现苏州文化的项目，都是如此。

另一方面，我们实际上在面对一些个案时也发现有些不同的概念。比如曾经给河北一个小村子做一所小学的扩建时，我们原来希望用夯土墙做这些建筑，因为夯土墙比较耐久，也符合当地风貌。可人家说"我想用白瓷砖做"，这是农民的心声。他们想要城里人的房子，不想要村里的房子，这是真实的民情，也是很多建筑师跑到乡下去碰一鼻子灰才学回来的道理。这挺有意思的。但如果真的按照他们的想法去做，你到江苏、浙江这些地方的农村去看看，你到自然生长出来的、没有建筑师参与的农村去看看，都是我们看都不想看的丑陋的蓝玻璃、白瓷砖、琉璃顶，甚至加一个不锈钢球顶在上面，这是农民自己的选择。他们把珍贵的老房子拆掉后，也许有一天他们会埋怨，优美的村落就在这个过程当中消失了。所以专业性和责任感要求你从更长远的历史和文化发展的角度看待问题，有些时候需要引导，甚至需要一种介入式的方法，而不仅仅是征求当地人的意见。如果征求他们的意见，可能的结果并不像你想象的那样美好。因为所有人都期待着自己更现代化，而让别人保持某种原始状态，这就是西方人的心态。当然这也是我们今天城里人的心态。

同时，我也觉得生活确实很复杂，比如今天建筑展现的这样一种对生活的思考，实际上也带有现代生活和现代建造工业的要求和限制，并不完全能够按照传统路径来理解。

崔愷：不少人问过我这个问题，包括刘家琨。有次他跟我聊天时说："你多做点组织大伙儿聚会的事情，建筑可以不做那么多。"我知道，大家都觉得我做的太多了。但我喜欢这个工作，而且也因为这些年做建筑，得到一些市场方面的认可，跑来找我做设计的人更多了。即便现在市场上建筑设计现况并不是很理想，但我们工作室的任务邀请仍然络绎不绝。

例如前不久有一个项目，市长说："就认崔大师，你给我做一个文化中心，要多年不落后。"我一看场地，是刚刚搬走的工厂，市长说可以拆了重新建，可我们还是非常认真地开始研究怎么能够把旧工厂转化成文化建筑。当然798是很好的案例，但是798显然不是这个市长所想，不希望一个破工厂变成一个酷的艺术社区。他希望做成一个多少年都不落后的文化建筑，这点很有挑战性。

当你经常面对这种有挑战性的课题时，有时候你会觉得，你若不做，可能别人就做了。也有可能别人为了挣设计费，做得更夸张一点，就把这事做砸了。

我也多次参加评审，看到竞赛中投评审所好的方案非常多。我们也很紧张，经常一次竞赛中觉得没什么合适的选择。许多评委都认为，是不是应该重新改变设计思路、重新做。话说回来，我为什么要接着做，还是因为有需要，而且我也有点担心，希望能够保持这样一种专业的状态。

至于接下来要做什么，还是做设计吧。很多人抱怨外国人把国家大剧院、中央电视台都做了，好像中国建筑师特别委屈、没得做。我不这么认为。我认为，你有那么多事要做，为什么不把这些事做好，甚至有些修修改改的项目，其实做好了心里会感觉更踏实。并不是说建筑师都要像王澍先生那样获普利兹克奖，因为能否获奖，并不完全在于你个人。把工作扎扎实实地做好，这是职业建筑师的基本立场。

我是一位职业建筑师，我的职业要求我用这样一种态度来面对每天的工作，同时也收获每天的乐趣。谢谢！

生成：大地建筑
—— 苏喻哲

苏喻哲

　　出生于中国台北，13 岁时移民美国纽约，于 1989 年回台创立大砚国际建筑师事务所，展开对环境议题敏感度极高的"大地建筑"项目。由于常年往返于纽约、西雅图与台北之间，对东西方的文化差异有深切体验，其设计创作的切入点具有特殊的国际视野，而对环境的敏锐和较高的人文素养，又使其设计具有独特的文化创意。

　　通常台湾的礼拜五晚上，是建筑师事务所唯一不加班的时候，所以大家下班之后全都去放松了，在纽约更是如此。我来讲座之前就在想，如果不是好学之人，不是对演讲内容、主讲者感兴趣，在周末应该不会专门来听讲座。因此，先感谢大家今天的到来！

　　接到中央美院讲座的邀请时，主办方提过一个要求——这个系列讲座的主题是构筑，就是怎么样把建筑创意落实执行，包括工法或结构系统、材料、经营管理等细节。这次讲座我主要是想与大家分享这些经验，所以沟通很重要，各位和我之间的初步认识很重要。对于任何一个创意的执行都是有参考点的，每一个意见、声音，不管从哪里来，都要先听一听是哪个人说的，他是哪个时代的立场或者是从哪个行业的角度出发，这样才能清楚地建立起自己的判断基准，使价值观慢慢形成，从而生成自己的想法。

这次我一共有几个想法想和大家分享，主题是"生成"，英文可以叫作"Evolution"。每个创意的开始都是信手拈来、天马行空的，有了创意之后就会有慢慢演化、发展、形成的过程。今天的子题目是"顺势"，可以解释为顺天地的因，成他人的果。意思是说，在一个环境或一座城市里，都会存在一个基地，人文背景、自然环境都会对其产生影响。所有的环境都是慢慢演化而成的，随着条件而变化。如果创作者因为自我的强烈创作欲而忽视使用需求、环境特色、预算限制，或是创作者对于社会的关怀程度不够，作品都不会成功。所以环境对建筑师来说非常重要。

我们常说创作的过程是孤独的，而且在开始创作时，所有创新都是艰难的，应经得住考验。比如我们从音乐角度来看，室内乐在16世纪文艺复兴时兴起，在21世纪成为古典乐中的经典。每个时代都有各自的创新，当创新被大众接受之后就变成了流行主体、世代留传。如果经不起考验，它就不复存在了。比如说从18世纪的室内乐、19世纪的现代乐，到20世纪的交响乐，这中间有很多音乐流派流失了，只有这些最经得起考验的留下了。永远有事物慢慢地不断从边缘变成主流，一直循环不断。

路易斯·康（Louis Isadore Kahn）对我个人的学习过程产生了很大影响。他在自传中提到，古埃及的建筑师既是祭司也是医师，法国的建筑师还是首席工匠，意大利的建筑师也是艺术工程师。他歌颂存在本身，认为"存在本身"就是每件事情通过各种形式自然而然地产生，但它的内在精神会潜移默化地使文化更新、发展。

小时候我跟着家人移民，从台湾到纽约，在纽约念中学，大学的时候念艺术学院的建筑系（这个学校跟中央美院有点像）。我大学4年的专业学习是在以艺术为主导的建筑系完成的，我的建筑基础不是工程学或有强大的理论支撑，而是以实际动手创作为主。它的好处在于，我们有很多绘画、雕塑、建筑史、艺术史，甚至是解剖学课程。我不知道大家画素描之前要不要先上解剖学，但在我们那个年代必须要学它，了解人的骨头、关节和肌肉。在画人体素描时，首先是靠直觉画，回头再消化肌肉和骨头的关系，如怎样才能让肌肉彰显出肱二头肌。可见内在的学习非常重要。

我们当时有很多拉丁文等需要背诵，学习起来很困难。现在想来，这些对以后的学习和工作是很有帮助的。还有一些影像在当时对我影响很大，比如说在大自然里看到的无边无际的景象，每种对象、每种存在似乎都没有边缘。

其实很多东西都是触摸不到的，譬如说人们居住的房子与大自然之间的界限，海边植物与海的界限等。最近被西方媒体关注的瑞士建筑师彼得·卒姆托（Peter Zumthor），20 年前曾为一栋瑞士的老房子做了增建。250 年前一户瑞士人家就住在这座老房子里，当时是三层楼。卒姆托把结构体延伸连结到山坡里，上面有屋顶，屋顶上有热熔线。瑞士山中常会下雪，积雪留在屋顶上很难清理，在屋顶上面通电，电热把雪融化后就不存在积雪的困扰了。这个增建非常了不起，对我的创作有很大启发。

从卒姆托的增建设计中可以看到非常多的新旧连接，包括新的屋顶对下雪天的回应。在其他部分也可以看到同样的方式，比如现在的窗户，它的尺寸、断面、开法都跟人渴望接近天、云、光线、风有关；下面是卧房，和土地接洽时，他开始用墩基将之与水和风隔绝，这样会减少木头腐烂。新旧之间有很多材料、细节的差异。例如接头的方式，以前用的是隼头，现在是水平栅栏接头，它们很清楚地记录了新旧之间的变化。

这座房子的内部是非常现代且简洁的，全部用的是实木装修。还有开窗的方式——坐下来才可以看到外面，提醒你要很专注地做这件事。还有另外一个方向的窗户，由于跟太阳角度的关系，窗开得比较大。

为什么说这个案例对我很有启发？因为每个时代都有不同的技术、文化和价值观，而从这个案子我们可以很明显地看到建筑尊敬环境、融合环境和反映气候的特点。从屋顶到开窗方式、墙面构造，以及房屋与地面的结合方式，这些都让它的后续建设更加持久耐用，而且没有丧失田野的原有自然风格。

另外对我影响很大的是纽约的中央公园。中央公园占地六十几个街区，从 59 街到 135 街。而且纽约是全世界的金融中心、最新创作的展示舞台，汇集了从古到今的诸多博物馆，有丰富的典藏、人才库，全世界范围内的最新流行趋势都聚集于此。在这样的城市里，有一个这么大的自然宝库是非常棒的。以前我们在纽约工作或出差时，一个礼拜有 5 天在城市里工作，另外两天一定会去中央公园，它像一个生态平衡点。

如果在 1900 年，没有一位疯狂的纽约市长愿意接受中央公园的景观设计师的意见，去离城市一百多公里的北边把好几千万吨的石头、好几十万棵的树移到这里，也就不会有今天的中央公园。这个公园完全不像市区里的公园。现在如果有一个新的案子要求我们去做一个开放空间，我们会很想把所有自然的、有效的东西带给都市。除了环保以外，人内心深处也需要大自然去净化。从吴冠中先生创作的《大宅》（2001）等作品中也可以感受到，这些半抽象、半表现主义的作品，也许正是出于某些自然的感觉，有自己特殊的意义。

了解了彼得·卒姆托的房子、纽约中央公园，简单的结论是：其实每一种文化里的建筑，都在表达各自的世界观。建筑是这个世界的缩影，它不仅是这个世界的外型，也是内在的"型"。

在生活中会经常遇见对创作产生影响的事物，希望大家可以从我们做的一系列案子中感受它们带来的影响。我也希望可以跟同学们有一个好的互动，讨论一下你们现在的创作、现在的北京，尤其是 2008 年奥运会以后北京的改变，以及它与我们的建筑创作的关系等。

乌石港游客中心（2003）

乌石港游客中心位于台湾东海岸的宜兰，在基地的左边是一个古老的乌石礁河岸，右边则有一个新港口。这个案子需要我们选择一个定点，最后我们选择建在古礁石和新河道之间。我们想在这里放一个"玻璃盒子"。宜兰在台湾岛的东北角，有很多富有自然地形变化的龟山岛和乌石礁，也是赏鲸的胜地。新航道有 300 米长，另一边矗立着老运河留下来的礁石。台湾东北角的港口是台湾开港以来的第一个商港，但是附近的运河现在已经淤塞了。为了体现开河的价值，乌石礁被保留了下来。目前这里的水域跟外面是相通的，老运河和新河道中间有一条堤防，我们的选址便在堤防上。

乌石港游客服务中心的光影前庭

　　这里有非常原生态的乌石礁、渔港，从新航道进出时，能看到它附近有如公共艺术般的灯塔。每个基地都有自己的特色，对于建筑师来说，设计风格是不受限制的，我们每次都会顺应形势。比如这个基地地处台湾东北角，由于太平洋板块的关系，台湾的东边永远是地震的多发区，还常有台风、地震等自然灾害。在台湾地区流行参访模式的旅游，即如果游客要到某一景点深度旅游，可以先在这样的旅游中心观映多媒体节目，了解景区情况，然后再前往景点去看真实的风景。现在我们选择在旅游中心观看景区介绍的同时，把美景当作此处空间创作的主要条件。"玻璃盒子"由于视线通透，在室内便可以同时看见古老的乌石礁水域与崭新的运河引道。

　　我们的设计概念是，利用穿透的空间手法，视野连接新旧航道，古今交错、思古幽情；同时在此案中兼顾前瞻性与本土文化的独特个性。此案着重于将建筑与地景相结合，尝试将空间概念伸展至自然环境和建筑空间各向度中，透过对空

间架构、系统层次、材料细节的处理，孕育整体和谐环境，与大自然融合。

　　游客中心采用全钢构结构，室内面积比较小，大概有 1000 平方米。因为钢结构可以跨较大距离又可以抗震，所以我们大胆用了全钢构来做这样一个很小的建筑物。它区别于宜兰当地工坊做的建筑（他们大部分是以 RC 和砖造为构造，较少用到全钢构）。刚开始设计时我们便思考，怎样才能在一个空间里既可以看到前面的河、后面的山，同时又可以了解旅游资讯？同时这里需要一个大屋顶来遮阳避雨和防范台风。人们停车后可以从入口进入，买票后可以从里面上楼。在"玻璃盒子"中远眺，一边是老旧、安静的古迹，另外一边则是崭新且可以看到游艇穿梭的生气勃勃的航道。游客在上船之前便在这里等待，可以先听救生员讲解，然后再下去登船。这里的二楼有咖啡厅，从那里可以看到右边的乌石礁，左边则是候船的大阶梯。

　　在结构上有趣的是，包被整个空间的玻璃是非结构性的。我们在这里利用了

乌石港游客服务中心，空港远眺

乌石港游客服务中心的"节奏地坪"

乌石港游客服务中心，仰望天顶

乌石港游客服务中心的夕阳剪影

扁担的原理：整个结构由 12 根柱子构成，中间有大梁，两边各有一个扁担把"玻璃盒子"的结构从上面往下悬吊，下面的玻璃可有可无，在结构上不起作用，只起到温度控制的作用。我们考虑用悬吊大跨距的方式去做到视线无阻、遮风挡雨的效果。在这个空间里面，柱子之间的距离是 12 米，有 8 个 12 米的柱距，柱距拉得远一些，你会感觉不到柱子的存在。在构建上，我们希望人们在梁柱下面活动的时候不会看到上面太多的构造物，所以先以平板为顶，再在板上挖了一个洞，让天光可以照射进来。悬吊结构本身有 8 个向度的钢索，使得整个结构能吊起这个"玻璃盒子"。这不是一般的梁柱基础，这个设计主要是为了实现前面提到的"最大视野"，这也是这个项目最重要的创意。这个案子最后很幸运地获得了美国纽约的一个照明设计建筑奖。

有一天傍晚，我们从老运河这边望去，发现它很像以前渔夫穿的蓑衣。傍晚来临的时候，它变成一枚剪影，不太像现代化的、高科技的建筑，自然地融入了当地景观。

基隆海洋科技博物馆养殖工作站（1999）

当我们还在学校学习的时候，地球气候变暖虽然还没有这么严重，但出于对地球资源的重视，我们也会把它当作一个很重要的创作出发点，这也是所有人类应有的觉悟。那时我们就想，如何在不用电力、空调等的前提下，让室内的温度变得适宜。不耗费那么多能源便达到这个目的，其实和空间架构、布局是很有关系的。

海洋科技博物馆养殖工作站就是在这样的想法下展开设计的，它位于台湾北部的基隆。原先我们通过竞标拿到一个小型博物馆工作站的设计，后来因为政府将此地改做水土保持，就取消了这个项目。之后我们又毛遂自荐地跟主管单位提出，能不能做一个空间，既可以有挡土功能又可以做海洋实验室？这当中经历了很多曲折，最后我们的愿望终于得以实现。

海洋科技博物馆养殖工作站位于台湾东北部，是一个把海底洋流拿来做科技展示的博物馆，实验室里面需要养殖与研究深海鱼群。当时计划的实验室建筑体量非常大，我们觉得不合适，因为台湾岛本身的面积比较小，海岸线的自然环境在当地人的生活中扮演着非常重要的角色。我们想做一个体量适中、能够容纳深海养殖功能，而且可以回归自然的设计。我们把用于水土保持的挡土墙以一个箱涵式的结构取代，放置在坡地滑落的犄角，在巩固土坡的同时，防止土壤流失。

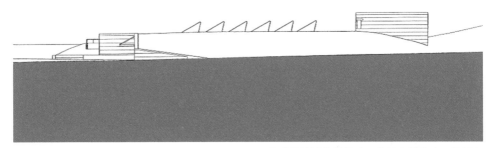

海洋科技博物馆养殖工作站之潮境公园设计图

海洋科技博物馆养殖工作站之潮境公园屋顶天窗序列，李志辉摄

海洋科技博物馆养殖工作站之潮境公园屋顶望海平台

海洋科技博物馆养殖工作站之潮境公园屋顶平台入口

海洋科技博物馆养殖工作站之潮境公园出入口，李志辉摄

苏喻哲

51

我们用连续壁的方式，再加上覆土植被，营造如同深海的条件——温度低、湿度高，这样就不需要耗费更多的电力用空调系统来达到深海养殖的目的。我们还在上面做了一些可以开启的天窗。最后，这个体量不但可以巩固山坡的土壤，还可以在屋顶上形成一个开放公园（潮境公园）供人们看海。在材料方面，这座建筑用到了一些当地采挖剩下的叠石。后来我们连续在台湾的山边和海边做了一系列的大自然里的环境建筑。

我觉得我们参与的这些项目虽然规模不算很大，但它们表达了我们的一种态度。项目做成以后，到那里玩的人们很开心、很享受，我们自然也非常开心。这些建筑物不会因为空气污染而导致外墙脏污，或者因为处理不当或施工不良，而加速自身的老化。取而代之的是青青草地和中间向下透气的中庭，在这些建筑物的屋顶上都可以看到这些景观。其实台湾有很多看起来很平静的海，但海底的洋流却湍急汹涌，两者形成有趣的对比。刚刚我们说要整合所有的条件，开始设计时我们就想以这个方向为基础。如果没有台风、泥石流等自然灾害，就不会有以结构为基础的建筑作为这个创意的开始。那个时候我们就发现，人类的经验非常有限，如果每个人一生都只按照自己已拥有的学识、自己最巅峰的创意理念去创作，那就永远不会有突破。不如顺势而为，把劣势变成优势，自然地会到达一个你从未涉及的创作区域，超越自己以往的学问与经验。

大家年轻时有很多设计欲望，这样当然很棒，但在实际执行的过程中会发现，有很多事情常常不在控制之中。因此，除了学会灵活处理这些变化以外，还要努力把这些因素变成创意的灵感。

台湾水泥公司和平工业区（1998）

由于之前的工作，我们得到了很多人的认可，因此在台湾水泥公司的一个400公顷的用地项目中，我们有了更大的空间参与"移山倒海"的工程。

在这个400公顷的场地里，东海岸的一条铁路穿越而过，铁路沿线有一座火车站，旁边皆为农业区。当时那边还处于未开垦的状态，山旁边可以开采石灰石作为水泥的原料。采矿后的原料放在圆形的仓储里（这两个圆形的仓库直径有180米），再用输送带输送到水泥厂，制成水泥后再通过全岛铁路和基地附近的一个海港运往世界各地。基地附近还有一座英国建的火力发电厂。我们工作室的任务是在原有几组个别建筑的基地上，把它们规划成整体，再把其中的25公顷用地顺势规划成整体的人居环境和景观设计。除了工厂外，住宅的建造和全区的维护必须用极低的成本，绿化环境和景观设计也要用尽量少的预算（因为开发者需负责建成后20年的维护）。

此块区域被海环绕包围。首先我们利用海岸景观包被、围塑的意象建造了一个个土垒——高5米、直径35米，可以用其防风。我们把沿着海岸线新挖的淤泥（大概有200万立方米）拉到这里堆成很多土丘，并在其上面栽种了一些适宜海滨环境的植物。这样避免了资源浪费，否则这些淤泥就要运到400公里

台湾水泥公司和平工业区 180 米直径的仓储

以外的地方做处理。土垒高高低低，在大空间里围塑小空间，能够很好地防风。每个空间都有各自的主题，其中一个空间发展成康乐中心。有些土垒也是游憩空间，其中有餐厅、游戏中心、宿舍和办公大楼。

我们将输送带架在空中。完工后，从矿区的仓储库到居住区、水泥厂和火力发电厂的线路与铁路纵贯线互相交织。十年之间，我们完成了整个景观的规划以及实际的细部设计。现在这里已变成拥有生态景观的美丽海港了。

东方高尔夫俱乐部会馆（1994）

在台湾北部地区，我们做了一个东方高尔夫俱乐部会馆的案子，这个项目最后被称为"第19洞发球台"。由于当时施工单位测量有误，球洞施工完成之后，我们发现留给原先规划的建筑物基地长度少了30米，没有办法再按以前的规划执行了。我们事务所的功能在当时有点像救火队，在基地长度不够的情形下，建筑规模又不能变小，就只能以地形变化的设计创意来解决难题，即把建筑及覆土景观重叠在同一位置上，以立体方式解决空间问题。

这个案子中的球道规划由旧金山的一家专业高尔夫规划公司负责，需要在土地里面做18个洞，共7200码（1码等于3英尺，1英尺等于0.3048米，即1码等于0.9144米）。此块基地内有5个湖泊，它们高低不同。我们从最高的湖往下传送水流，并将水路与瀑布互相交叉运用。水道和球道交替编织，在这里打球的人可沿着球道欣赏风景，诸多的地形变化也可以使空气的湿度增加。另一方面，这样也节省了地下排水管道。水由高处流到低处之后再用马达抽回，使水不断循环。下雨天储存的水量流入滞洪池，除了能够减缓水流速度，还可兼作喷灌之用。

我们把建筑的三个楼层叠在一起，打球的人出发后，经过天桥走到后9洞在屋顶上的发球点。我们把所有立面和采光面都做成自然的透景通风效果，并在建筑物四周以覆土方式与大自然交界，所以这个建筑物只有两个立面。

建筑的入口是一个碗形的空间。一层有咖啡厅，二层是餐厅，三层是更衣室。从最后一洞回头，可以看到建筑物低于地表平面、少了一层，在某些地方看时又

东方高尔夫俱乐部会馆的球道和水道航拍图

东方高尔夫俱乐部会馆建筑内部细节

会发现建筑物不见了。地形的变化促使我们在创作上进行了崭新的尝试。如果完全是自我封闭的创作，应该看不到这些新的可能性。

另外，我们的设计也常运用单一元素。说到设计概念，不禁让我思考设计中的细节能不能和概念平行？也就是说用同一个概念来诠释空间布局、材料、细节等。比如说中途休息站，别人一般是建两层楼的房子，而我们的却不一样。我们利用土坡，让建筑像一条停泊在海浪之间的船。如果要传达"草式海洋"的概念，波浪和土丘是空间中不可或缺的元素。整个球场有9万立方米的挖填土方做平衡，所以用土方来做设计最为合适。

另外，我们用三角形做了很多元素，包括结构系统、楼梯扶手、开窗形状等，把一个单一元素重复用在多处配置和细节设计上。

我们做建筑物内部设计时会研究很多光影效果。例如房子入口处是一个压缩

东方高尔夫俱乐部会馆有着"草式海洋"概念的中途休息站

东方高尔夫俱乐部会馆高低起伏的地形

的小空间，我们留了一个小洞可以看后面的中庭。我们在左边还设计了一个小小的纪念空间（因为业主在施工过程中因病去世，所以我们做了这个设计）。其右边是大厅，大开窗使充足的光线照射进来。光影随着空间与行径明暗变幻，心随光走。同时，我们会从光影剧本反推某道墙是否适合设计成透光的，还是只透光不透明或是完全黑暗的。

中庭到餐厅之间本来设计的是水泥实墙，但我们在现场施工时发现光影实在太迷人，如果把光完全挡掉，会缺少空间层次，于是将其改成用钢做成轻型结构的纱网，让人感觉餐厅和中庭仿佛是分开的，朦胧中还可以看到后面的山岭，使得在很小的尺度里面可以看到很多层次的变化。现在回想起来，如果当时没有到工地现场观察的话，就绝对不会做出这种设计。所以我们鼓励大家一定要多到工地，你会发现比在课堂或都市里更多想象不到的可能性。

在那一年冬天的一个早上，当时天还没有完全亮，工作人员正在清扫湖岸边建筑物最底下的一层，我们设计的水岸线也已经实现。因为快要完工，大家都兴

东方高尔夫俱乐部会馆，于 18 洞回望会馆建筑

奋得睡不着觉，早早起来工作。当时我们对湖水的水面高低与室内，以及后面山林的关系的规划，除了要考虑球道的技巧难度之外，还要顾及刮台风时水会不会倒灌进来等因素。

在这个案子中我们学到了什么呢？我们只单纯地做了环境规划、都市景观设计吗？其实我们做的是界面整合。在整合的过程中，做每件事情时都会产生新的想法，并互相影响。在执行过程中，把室内、室外整合成一个整体是此案的创新之处。我们的事务所当时只有 10 个年轻人，大家一起做了整个建筑设计、室内设计、景观设计及负责施工工作。完成之后，我们对建筑的观念大大地改变了，因为我们体悟到施工过程的艰辛，学会考虑怎样才是最顺畅的自然工法，而不是为了创意，强迫所有的施工团队反其道而行之。只有了解真实世界里的工法、原则，以及建筑与自然环境的关系，才能收获更高的效益与创新。

东方高尔夫俱乐部会馆主体建筑

台湾朴建筑办公大楼

在设计的时候明确核心理念是非常重要的，可是很多时候会遇到许多意想不到的问题，如冷气机安进去，大梁、小梁架好位置，照明灯具摆进来，这些都放进建筑之后，本来简洁的空间个性就不见了。所以说设计理念的执行要处理不同的纪律（"不同的纪律"是说，空调是一种纪律，结构是一种纪律，照明是一种

朴建筑的大楼外观

朴建筑的大楼外观

纪律，音响是一种纪律，光影又是另外一种纪律），必须整合各项纪律，并运用同一原则，比如说简洁或是古典原则。在这样的考虑下，我们在 2005 年做了一个建筑设计案，即台湾的一栋办公大楼 ——朴建筑。这个设计参加了 2011 年巴塞罗那的 WAF（World Architectural Festival，世界建筑节）竞赛并进入了决选。

朴建筑整个基地有 1200 平方米。我们建议用四个角落都是减力墙的结构设计，使得室内无柱。这个建筑位于台北市的一个工业区，旁边是一般的工业区办公大楼。现有的工业办公室通常很少绿化并缺乏自然空间，我们说服了业主，建议将基地的两侧开放，让邻居们可以到这里的中心花园来散步、休息。我们的业主从事房地产开发，其所拥有的一个子公司为了销售房屋，要成立家居展示中心，以推广"好屋"概念，这正需要邀请众人来共同参与。因此我们一拍即合，即刻由此概念展开建筑设计。

朴建筑入口处有很多树，建筑的前后面皆有花园，使得一楼可全面开放为半室内半户外的花园空间。建筑外立面的清水混凝土部分用了从日本进口的丹枫板模板（90cm × 180cm 的模具），打磨之后会有比较特殊的质感。建筑的每一层都有玻璃走廊，我们用节能玻璃配合混凝土做了一些变化，这是施工过程中产生的灵感。

我们将建筑物下面的三层进行挑空（地下一层、一层、二层），这样从街道入口往下看，会有一个下凹一层的空间，阳光会照射到地下一层的会议室内。

从东侧的人行道走进大楼东侧后，可以穿越一座桥（下面是地下一层的挑空）进入楼内，也可以从大台阶走到地下一层的中庭。大楼东侧入口处有一大片看似帷幕的活动玻璃门，宽 12 米，有 7 吨重，通过电控上升和下降。桥本身的结构是一根大梁，在建筑结构上也发挥实际承重作用。人们可以自由出入这个空间观看展览，树和花也都进入到这个半室外的空间里。

设计要坚持原则，对朴建筑来说，空间布局、选择材料等都要坚持室内外连通的原则。而要在细节、材料、设计上都做到室内外连通，就要不断做拓展思路。地面我们选择了台湾的白色大理石，并在其周围把南非黑石块一个个装好后再打磨，目的是营造一种温馨的感觉，不然整个地面显得太硬。我们觉得这个排列方法很有趣。由于整座建筑采用减力墙结构，室内是没有柱子的，而且电梯安排在

朴建筑东侧的下沉花园入口

朴建筑贯穿室内外的飞桥扶手

朴建筑屋顶的实木格栅收尾细节

朴建筑东侧入口处的可升降玻璃门

黑白石相间的朴建筑手工磨石子地坪

西南角，所以标准层平面基本可以应对所有变化。如果是公司入驻进来，可以把这里作为办公室、写字楼，或是小型加工厂，还可以做展示厅用，可见这里的使用弹性相当大。

朴建筑楼顶有一个花园和游泳池，我们用20厘米的防震玻璃作为游泳池透明的端景墙，可在水中看到城市的天际线。我们巧妙地利用了泳池本身的构造，使得楼顶花园的覆土有一米深，所以它的土甚至可以种乔木，而且可以防水。屋顶上设有会客室（可以用餐或者开会），玻璃窗也是可以打开的，室内、室外都可以再做延伸。因为本区域靠近机场故有高度限制，整个区域看过去是齐平的屋顶。后来台湾 BMW 的老板非常中意这栋建筑，立刻购入作为工作总部，他觉得这幢建筑跟 BMW 车子的风格很像。

朴建筑的实木隔栅与清水混凝土

朴建筑的屋顶花园

勤美璞真住宅项目（2010）

我们常会思考，怎样的房子才是一幢好房子？怎样的房子才是一幢伟大的房子？我认为一幢好房子的标准是：对那些最初使用它的人，说出了那个时代的意义，也告诉了将来的使用者它们过去的历史。

我们曾做过一个30层以上的住宅项目。这套住宅已在几年前完工，其基地大概有2800平方米，正前方有一个占地23公顷的大安森林公园。这个项目中最具挑战性的事情是，在约900坪（1坪约等于3.3平方米）的基地上，因为享受容积奖励，绝大部分的空间必须提供给公众使用。捷运站的出入口本来是在建筑物与城市主要道路之间，我们花了6个月的时间来说服政府把捷运站出入口移到建筑物的西侧，让出南侧空间来做公共景观。建筑物东侧是供公众使用的景观庭院。从主要道路下来后，车道串联到建筑物后方，区内道路两侧的一边是摩托车停车位，一边是自行车停车位，可以方便骑车来坐捷运的人存放车辆。整个基地内除了小部分作为私人住宅入口门厅外，其他统统归公家使用。

在这个地点买一栋168坪的房子非常昂贵，但是一楼又不能使用，隐私也非常不易达成，所以在台湾做这种设计其实是很有挑战性的。住宅标准层最后设计为两个双拼，各为168坪。在设计过程中我们也做了很多研究，用很多模型来思考不同的体量关系。如果建筑物是方形的，会导致空中有很多气流窜通。我们做了很多独特的设计，例如把圆形体量（主卧浴室）配置在建筑的角落，以削减风力。总之，我们最后的设计可以将风力消减到2/3。

因为楼面面宽太大，我们把它分成四个垂直管状的元素，使得整体外观不会因规模庞大而显得霸道。我们做了高低不同的阳台，高层因风压大没有设计阳台，在中高层提供有包被的阳台。我们根据风压对阳台做不同的设计调整，同时执行了很多施工细节的修改。

高层大都有一个比较好的视野，可以看到其前方的开阔公园。为了追求躺在客厅也能看到外面树林的视野，我们把玻璃窗设计成全部透明的。很多人一开始都觉得没有安全感，于是我们将最外缘的阳台玻璃扶手，设计成L型的立体玻璃，再将扶手处以斜角固定在玻璃的内缘，增加了"隔绝的厚度"，但并没有牺

勤美璞真建筑远景

牲视线的透明度，同时又得到了安全感。

我们在一、二层的北侧做了公共景观，在这个空间里选择放置李真的艺术品。李真是位很不错的雕塑家，他的创作都和佛法有关。人们走过人行道、穿过这里来取车，这个公共景观空间是相通的，院子里放置了很多雕塑。我们还设计了一面瀑布墙，种了一些植物，让整个环境特别是在夏季能享受水雾的凉气与湿度。

建筑一楼入口处，一边是阅读区，用了富有当代气息的吊灯；放置信箱的区域有一座艺术柜，每个人的信箱有不同的形状；二楼有一个社区会馆，还有室内私人游泳池和 SPA 区。

台北中小型住宅之里弄建筑

我们在台北市区巷弄里设计了一些中小型住宅，它们大多以功能美学为设计理念与原则，以日常生活中的使用习惯为设计的出发点。比如说具有安全功能的外阳台，我们采用了格栅门扇系统，将其分成上下两半，每一家因为使用习惯不

绿光建筑，杨俊明摄

日兆建筑

松月建筑

同而呈现不同的面貌。为什么这么做？因为巷道只有 6 米，建筑对面也是住宅，人们都需要有隐私空间。各户不同的格栅呈现，成就了整栋建筑的表情。我们也尝试在一些住宅做了雨庇。有的每层楼有一个格栅单元，同时具有灯光、扶手和区隔的作用。小户有两个单元窗，大户有八个单元窗。变化万千的格栅光影，不同的角度有不同的美感。现在我们也在另做新的尝试，希望在大阳台上开辟出更多的立体绿化空间。

台北公共艺术系列

我们在台北市做了一系列公共艺术的案子，其中一个是直径达 120 米的大圆环。原先这里放着一尊于右任先生的遗像，他是某种精神的象征，也代表了一种信仰。我们建议把遗像移至公园内，将处于交通枢纽地位的圆环还原成"都市之门"，从而打破正中轴线的印象，使它具有流动空间的效应。

花旗银行公共艺术系列，台北市仁爱路公共艺术"圆环"

花旗银行公共艺术系列，台北市政府捷运广场中的公共艺术

　　这里是政府公共部门的土地，其邀企业在基地上办募款活动，再将募款交给红十字会。对政府来说，城市里需要持续有崭新的活动发生，从而更新城市气象。当活动进行时，市民经过这里也会关注到底募捐到多少善款，引起一些社会共识。台北常常有这种类型的临时性公共艺术。我们会利用施工到一半便停工或者被废弃的建筑物来做公共艺术作品。又如台北市政府和捷运之间本来没有已开发的土地，现在要透过公共活动募款，让那里变成安全又明亮的街道。这个活动每年举办一次，一直到土地上的新大楼盖完为止。

　　我常思考，中国大陆有这么多国际建筑师来共同参与北京市容的建设，大家对于这些建筑有怎样的想法？我在北京住的旅馆对面刚好是中央电视台的建筑大楼，它现在已经完成好多年了，不知道北京市民对它的感觉是荣耀，还是觉得它只是一时的创新，抑或已经把它看作北京永久记忆的一部分？这些建筑建完之后对于未来要发生的事将有重大的影响？

　　在中国台湾也会碰到同样的问题。其实每个年代的人都在想如何解决与面对因为社会进步而产生的问题。一些真正本质的东西没人注意，而很多表面的东西却都变成了潮流。你是要跟随这个潮流，还是要支持有永久价值的部分，这是需要思考的问题。

问答部分

Q1：您在美国求学时，是否受到一些大师们的影响？比如赖特、阿尔托等，他们是不是对您"在地"的思想有一些影响？

苏喻哲：一定会的，他们对我有两个相反维度的影响：一个影响是在大自然里怎么做设计，是单纯的重复还是重新诠释它，或者顺势而为；另外一个相反的影响是——我可能会这样想——为什么每一个年代的人都有一种因共识而凝聚成的价值观，并且一个年代过去后，价值观也随之改变。他们教会我应该勇敢尝试不同的东西。历史最后留下的，你应该学会尊重。但这并不表示你做的东西都要浑然天成、大隐于世，比如说我前面提到的瑞士那幢老房子和新房子的案子，我觉得那个创作就是一种经得住时间考验的、成熟内敛的方法。

Q2：当景观特别好时，如有山有水，又有老房子，建筑和环境容易结合得很好，但如果在城市里又该怎么结合呢？

苏喻哲：在城市里做设计时，如果没有机会将大自然带回都市，我们一般就会考虑不接这个案子。因为时间有限，人生很短，我们都希望把精力放在最有价值的地方。100多年前的中央公园设计师们就下定决心：即使在城市里开发，也要把更多的绿色和自然带进来。怎样结合要看你对"在地"的定义。"在地"，你一定认为是只有好的部分才会保留。可是好的部分有没有包括把大自然带进都市，是不是因为商业的关系而没办法达成，这要看你的使命感，或者你愿意做多少。"在地"其实是一直在变幻的东西，不是固定的。所以很多时候我们是很主观的，是自己的价值观在驱动着设计。

Q3：我感觉您特别喜欢做景观，喜欢把景观融入建筑。我最喜欢您的那座层高不是很高、顶层是游泳池的朴建筑。这个建筑的屋顶花园跟其他建筑物的组合有种中国山水画绵延一体的感觉。

　　我最近放假回到出生地看了看。我小时候在军事基地家属院长大，这次回去离在那里生活已经过去 20 多年了。院里一些旧的建筑还没有拆，但是已经不住人了。回忆小时候，我觉得那些东西在当时看来并不是特别美，但是经过时间的沉淀后再回头去看那些东西，就有一种历史感。我在想，做景观其实是有时间延展性的，尤其是自然的树木，会有一些变化。而建筑的时间感跟树木的不太一样，它们是一种静态的东西，不会长大，只是材质的颜色、质感可能会发生变化。那么您在做方案时会不会考虑得特别长远？比如也许某个方案在这里摆着暂时会感觉很协调，但是很多年以后是不是还会协调；有一些建筑物现在感觉不好，但是多年以后，随着周围生态圈的变化，会不会另有一种状态？

苏喻哲：你问的这个问题正中下怀，我一直在思考这样一些问题。刚才你讲了一句很真实的话，"大自然会变，建筑不会变"。但是在谈这个之前，我们要先讨论一下景观的定义。在我接受的观念和教育里，所有眼睛能看到的东西都是景观。这就是说，景观不只是树木植物，也包括人文景观。地球上的很多事物都是景观，它是一种环境里面的氛围：人走在森林里面能闻到树香，看到钻出来的蚯蚓就知道地下水很丰富，树叶落下后会继续在地里腐蚀……事实上建筑也是被体验与观看的。每次开始思考建筑设计，我们都把它当作背景，建筑与景观是融合在一起的关系，不可两分。建筑景观是一种整体看到的感受。

　　如果把建筑物当作背景，那大自然的变化就会变得很明显了。就好像是听交响乐，每个人都要穿成黑色，这是为了让人专注地听音乐，而不被五颜六色的衣服款式吸引。我们的设计也是同样的。其实自然与建筑的关系是不容易"定"的，需要一种观察，一种人生的磨炼。

　　比如，你做了很独特的创作，自己觉得很满意，却发现别人使用起来很别扭，那自己也不会太开心。你越把某些设计要求当成负面因素，就越做不好它。我 18 岁在纽约念书的时候学会一句话：设计就是创意地解决问题。我相信通过创意，任何事情都可以迎刃而解。对于那些苛刻的要求，只要你不怕它、不拒绝它，或者换个角度想想，你会发现创意将跑得更远，会超越自我的限制。

　　有时候客户会跟你说："对不起，我只有每平方米 12 万的预算，能做什么？"很多人一开始就会抱怨："钱这么少还这么麻烦，还有这么多规则限制。"我觉得比较有功力的人听到这些设计要求之后，会把它当作解题中的已知条件，当作限制条件，并在其中找出解决问题的可能性，这个时候你就超越了自己累积的经验。

Q4：您的作品最后完成时的精致度很高，我想请教咱们台湾的建筑师是如何保持一个方案的精致度的？工作流程是怎么样的？建筑师跟施工方要通过怎样的合作方式才能保证它的完成？

苏喻哲：其实在台湾很多的业主眼里，我们是一个非常执着、非常难搞的设计团队。但是我们在想克服困难的方法的时候，会先想建筑师的责任是什么。它是服务业还是创作？或者是两者合一。所以我们会退一步去想："这是我们在为他人服务的案子。"这个意思不是说我们要低头或者转弯，而是要静下心来想想。每个人的出发点和角度不同时，就会产生不同的想法，所以要站在别人的角度想一想。很多时候，问题的解决取决于我们是否能转变自己的角度。

相对来说，技术层面的问题比较容易解决，比如说设计费不高、时间也不充足。如果说三个月做一件事，可能其中的两个半月我们会不眠不休。所以我们这里年轻人的流动率很高，很多人觉得辛苦。可是各位如果选择建筑，想继续在这个行业发展，就要坚定信念。建筑师其实是世界上凤毛麟角的很重要的一类人，大概只有少于万分之一的从业人员最后会一直做下去，终其一生。

要做到细致，首先是说服业主给你够用的时间和预算。怎么说服他们？一些冠冕堂皇的理由没用，而是要努力地做，业主看到之后就自动会被说服。我们有一个自我要求很高的工作团队，技术部分已经很幸运地形成一条十分默契的工作线，这对完工的精致度有着决定性的影响。技术方面的问题还包括要说服很多其他团队，比如施工团队要理解设计原则、整合设计中的许多细节。我觉得技术方面不难，难的是要经得起辛苦，说服业主给你多一点的时间和预算。

在台湾地区我们算是人数很少的事务所，一个案子进来后走垂直流程，从头到尾各阶段都是同一组人，将概念发展到施工图及监造，不像大的设计院、大事务所分得很细——这组做立面，那组做施工图等。我在纽约工作了很久，当时服务的纽约事务所，设计由平面到立面也都是由同一组人完成的。每一个设计都是一个生命，从受精卵到出生，受到的所有影响都会成为决定设计好坏、是否整体的因素。整个过程的参与会让人成长得很快。我们团队里有从业三十几年、经验丰富的熟手，也有较为稚嫩的新手。其中，有些人做感性的部分时很有天分，也有人专门分做工程、计算等，要把大家的长处都融合在一起，并设定设计的共同目标。

在亚洲国家，大部分人会分工、分段合作，可是在欧美，大家的分工是垂直的，基础扎根都要这样，即使是哈佛、耶鲁、哥伦比亚大学的毕业生，也要在美国东岸的事务所画几年的楼梯图纸。建筑师也要去工地，知道材料的工法、尺寸等，把这些东西都搞清楚之后再回来做设计。光这些练习，便使得我们的设计成本比别人高。我们亚洲的很多东西在退步，部分原因是因为专业作业流程并不是垂直分工的。

我也想问大家一个问题。我在网上看到北京一些建筑专业同学的对谈，大家都觉得中央美院的建筑系比较偏创意，而不是偏工程的。以前在纽约帕森斯（Parsons）设计学院时，也被学院派认为是非主流的，但是十年、二十年后大家观念就改变了。如果建筑系想比较偏艺术创意，需要较长的时间来趋进成熟，我不知道你们怎么看待这一问题？

苏喻哲： 你们自己会觉得被蔑视吗？

学生： 我到大的设计院可能会不被承认。我是艺术院校毕业的，学的是环艺专业，真心热爱建筑。我在大的设计院也尝试做过，但是想法会被压制，反而在外企会被国外的老板看好。我现在又回到设计院了，正好就像您说的那样，需要一个过程。我现在又回到设计院是因为院长想做一些改革，就是您刚才提到的垂直分工的做法。所以我刚才对您说的垂直分工流程深有体会，因为我置身其中。

苏喻哲： 从比较偏艺术的建筑系出身往前走，有一个好处，就是你可以透过自己的眼睛和以前的训练，通过每个时代的美术史、建筑史、家具史、音乐史等，更敏感地看到时代的变迁，对更多事情会更有体会。

做建筑设计的人，除了一开始的发想之外，更主要是进行整合。他不是演员、制片人，而是导演。导演要了解技术层面（比如音响、声光等），这会变成你设计时的工具。这些物理系统与空间创意占同样重要的分量，每一个点就像交响乐团中的一个乐手。在艺术性导向的建筑系里会更有潜力去完成这件事。

以前我们会问，学建筑到底应该先学观念还是先学技术？技术可能会把视野变小，可是观念有时会让人没有办法下手（就是眼高手低）。到底应先学哪一样？后来我发现这两者都要。如果你已经往艺术大道上走去，就要想到把其他物理部分也要当成创意推动部分，互做整合。我觉得你们有这样的艺术优势，要善用这个优势。

Q5：您的工作涉及城市规划、建筑设计，包括室内陈设和艺术装置等。您可以介绍一下自己学习的过程吗？

苏喻哲：可能跟我小时候学米开朗基罗的东西有关。米开朗基罗多才多艺，既是雕塑家、画家，也是建筑师。我在美国宾州大学上学的第一年，路易斯·康还在世，建筑师是一个多才者的观念，给我很深的影响。

如果把设计当作一种功夫，我觉得从大到小、各门都应该会。我年轻时从建筑做起，可是实际上要面对的问题很多，要慢慢做到很细。同时要掌握各种尺寸与尺度，要一看就能看出那土地是几公顷的。而做室内设计的时候，对细节的练习要细到几厘米。空间与尺寸的相对关系对创意的产生很重要。

同时，要在平时学会积累，多训练自己。比如我做设计时，老板给我一个平面，要我发展成立面，我会要求自己发展三个。我会想出现代版是什么样，古典版是什么样，未来没有任何框框的东西是什么样的。我也会要求发展设计的同事提出三个方案，他就要努力地想。如果偷懒，我们就没有机会演练各种可能，时间一长，有训练和没有训练的人就相距千里了。

"形构系统"之建筑思维
—— 张淑征

张淑征

　　毕业于纽约哥伦比亚大学建筑研究所，曾任加拿大温哥华 Patkaus 建筑事务所、美国纽约 Bernard Tschumi 建筑事务所设计师，及 OMA（Office for Metropolitan Architecture）香港办公处资深设计主任。2003 年与洪裕钧共同成立 XRANGE / 十一事务所，结合多元设计领域，作品横跨总体环境规划、建筑设计、产品设计与概念装置等各规模尺度的创作。持续活跃于台湾各大学专题演讲及评论活动，并兼任由洪建全教育文化基金会创立的非营利艺廊 MEME/ 觅空间艺术总监。

　　XRANGE / 十一事务所是我与我的先生洪裕钧在 2003 年创立的一家公司。我的先生不是念建筑专业的，他在美国念工业设计和平面设计专业，毕业之后曾当过工业设计师，在一家公司任创意总监。之后他创办了一家网络顾问公司，任网络行销顾问。他的工作一直介于商务经营与设计之间。

　　我现在住在中国台湾，但我在马来西亚出生长大，所以口音可能有些奇怪。在我很小的时候，全家就移民到了加拿大。2003 年因为工作我来到台湾，结婚后就留了下来。

　　这个事务所的成立是由于当时的一些巧合。我们在筹备婚礼的时候被邀请参加一个国际竞图——香港邵逸夫奖杯的设计竞图。我先生已经快五六年没有做过关系，因为主办单位邀请了很多设计师，结果却是我们得了首奖。

这个案子很特别，我们把这个设计取名为"人类文明的观视镜"。它是一个奖座，也是一个纪念品，但我们不想用设计纪念品的方式去定义它。最后我们的设计采用了万花筒的概念，只是通过这个万花筒看到的不是一些珠子，而是把周遭环境反射到里面。我们用这个概念来解读电影和科学之间的共同点。科学家利用显微镜、导演利用摄像机，反映的都是人类的世界。我们认为应该把这个奖座当作一个盛放观点和视野的容器，它是活的，应该能被拿起来使用。我们借用万花筒的设计概念并配上鱼眼镜，最后将底座设计成一个框，而不是一个座。这个设计得了首奖之后，我们结了婚，就想成立个事务所试试看。

事务所成立没多久，洪裕钧的前公司开始找我们设计一系列的工业产品。2004 年我们设计了一款 Skype 网络话机。那时用 Skype 的时候一定要戴耳机，讲话也会有很大回音，使得两边沟通困难又不舒服。我们的设计很简单，用了一个消音的缺口来解决这个问题。它的使用方式就像一般的电话，让人很容易上手。这个话机投入市场后，反映非常好，卖到了世界各地。这个作品也得了一些工业设计奖。

从 XRANGE 的角度讲，我们不仅是设计师，也是股东。从事务所创立直到现在，我们负责了 IPEVO 所有的空间设计。事务所成立以来，创作领域涉及很广，包括建筑设计、产品设计、概念装置。

我们第一个建筑作品在 2006 年完成。非常荣幸的是，2007 年《Wallpaper》杂志就把我们列入了"101 个世界最令人兴奋的建筑师"名单。我们的第一个建筑作品被收录在《21 世纪建筑图鉴》中。这本书在全世界搜集了一万个案子，从中挑选了一千个收录其中，我们是中国台湾地区唯一被收录其中的。其实我们做的只是一个非常小的案子。这么多年经常有杂志或其他媒体报道，他们第一句就问"你们是如何从工业设计跳到建筑设计的"或者"如何跨越这些尺度"。这一两年我开始有些想法，做了一些作品，有了一些体会。在整体规划方面，我之前在 OMA 的时候所做的都是一些非常大的案子，最大的是设计规划 6000 公顷的越南河内的一个案子。其实在不同阶段，人们的关注点也不太一样，比如我们一开始做的是产品设计，而现在是建筑设计。

说到如何跨越这些尺度，这些年来我对"形构系统"（system-form）很感兴趣，也在想这个东西到底是什么。其实它对我来说，只是一个概念系统，一个构筑工具。不论我做多大或多小的案子，它都会协助我，至少会帮我整理思路，用各种方式表达出来。我很着迷于如何用同一个系统把形体、结构、空间、材质、细节结合在一起。

我想分享一些项目，它们有着各种类型和尺度，每一个项目都可以找到自身的 system-form。所以 system-form 本身对我而言是开放的，没有限制的。它的业主、基地、环境、气候都会形成一个特殊的组合。这是 XRANGE 创立时，我个人最大的兴趣点。也就是说，我们的作品设计没有定义范围、不受局限。XRANGE，"X"代表未知，"RANGE"代表范围，"XRANGE"代表"未知的范围"。总之，我做的东西比较大型，而我先生做的比较小形，我们一直在尝试如何实现这样的组合。

必须说明的一点是，因为大部分案子都是在极为困难的情况下——要么没有时间，要么没有经费——产生的，所以我们根本没有机会谈一些宏伟的蓝图，做一些复杂的东西，也因此每一个特殊想法反而会成为说服甲方的"工具"。只要找到这个关键点，业主就会非常认同，整个团队就可以一起前进。

蚂蚁屋

蚂蚁屋（Ant Farmhouse）所属的住宅区位于台北天母，划在阳明山公园保护区里，所以原有的建筑物都不能拆。我们找到这个房子的时候，它的状况非常糟。它的墙体是用花岗岩砌成的，尽管我觉得有点丑，但同时也觉得它很有个性，代表着台湾 20 世纪六七十年代初期建筑的风貌。业主的第一个要求，就是一定要保留这个房子。我们找了结构技师来鉴定它的强度，虽然它经历过台湾"9·21"九级地震，但结构技师却认为无法鉴定，因为它太古老了。因此我们决定重新思考这个建筑的设计。

我们的想法很简单，用两个钢制的箱型结构，一前一后地把原建筑包围起

蚂蚁屋白天的外立面

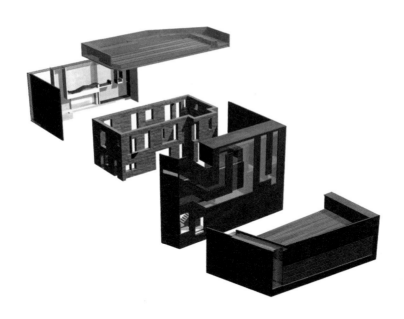

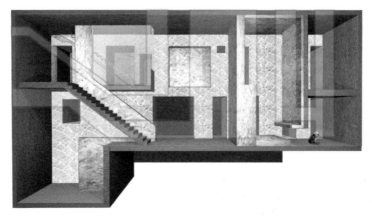

蚂蚁屋空间解析

来，让新建部分和原建筑结合在一起，这样就在石头体量前后形成了不同宽度的新空间。前端入口处的新墙离原有的建筑石墙有 2.5 米的距离，而后端仅有 80 厘米，所有新加的功能和空间都放在前后两端两个加建的空间中。加建部分的平面空间虽然小，但是上下通高一共有 7 米，所以比例很极端。新增的卫浴空间在后部，有着 0.8m × 5.5m × 7m 的惊人比例，二合一的设计把主卧的浴缸及玻璃沐浴间悬挂在客浴的高空中，屋顶上方整段用玻璃采光。所有的光都从玻璃屋顶照射下来，当太阳照射的时候，感觉很像在户外洗澡。整个空间从高处看下来有点像玩具的蚂蚁窝——周围一圈空间细长且扁，但都是上下连通的。

这个房子采用黑色的外表皮，整体设计有点像堡垒。从街道上看不出屋里的状况，只有站在二楼阳台上才看得到它的空间分布。我们用的都是很简单的材料，外皮主要是金属和玻璃，架在石头屋外层。白天的时候看不清室内的墙体，但晚上在室内灯光的照射下，原有的石头结构便凸现出来。原有的石头墙都是真正的花岗石和板岩砌成的，砂浆的部分被漆成白色，但石头原色和白墙的搭配让人感觉很卡通，于是我们决定用白色石头粉涂料来漆整个石墙，使得原有建筑看起来就像是一个抽象的白色盒子。

从房子的入口进入，进门的右手边是通向书房的 7 米高的木门，我们用了保时捷的排气管作为门把手。这个门把手来自于我修车行的一位朋友，他特制了一

蚂蚁屋夜晚的外立面

蚂蚁屋的露台与玻璃屋顶

蚂蚁屋的走道空间

蚂蚁屋的客用浴室

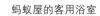

蚂蚁屋的客用浴室

个排气管却塞不进去他的保时捷，结果就把它给我们用了。我们经常会使用一些随机找到的材料。门打开就是书房，书房很小，只够放一个书桌，但地上铺有坐垫，成了可以躺卧的温馨空间。

和书房连着的一侧空间只有80厘米宽，有50厘米宽的通道、30厘米宽的书架，仅仅作藏书室用。整个白色石头屋内的空间是开放的，我们想把书房和藏书室包围的这个空间作为起居室，中间摆上特制的、被称为"烟灰缸"的沙发，这样一来就不用墙来进行整个空间的分隔。

这个房子的室内空间充满了各式各样的洞，比如在厨房储藏间墙上的小洞，以前是小台冷气机的冷气孔，我们把这些孔都保留了下来。所有房间的门的高度、宽度都不一样，它们和墙壁上高高低低、大大小小的开洞，共同形成整个房子的特色。

房子装修完之后，很多空间出现的设计感都不是之前刻意规划好的，但这些意想不到的元素，屋主都很喜欢。整个房子的结构也很简单，对我们来说这是一个很有趣的小案子。

蚂蚁屋书房的门

蚂蚁屋的书房

蚂蚁屋的起居室与藏书室

蚂蚁屋的"烟灰缸"沙发

蚂蚁屋的老房子与新房子的界面

甲虫屋

我们设计的另外一所房子是甲虫屋（Beetle House），地址在台湾都兰山上，面向太平洋，问题在于每次台风从菲律宾方向往台湾岛袭来的时候，一定会从这里登陆。这个地方平时看起来很美，但台风一来就变得非常恐怖。业主是一名台北的单身女性，她要求"一定要安全，因为我很怕虫和蛇"。如何让业主在房中有被保护的安全感，甚至在台风来时也不用担心，同时可以尽情享受田园般的生活，这些成为这个案子的出发点。

不知大家是否观察过，甲虫的翅膀分两个部分：硬壳起保护作用，软壳是用来飞的。我认为这是一个很好的空间概念。我找到 18 世纪英国的一个好玩的东西——一个鸟笼和鱼缸结合在一起的物件，鸟笼在下面，鱼缸在上面。鱼缸里面有一个玻璃球似的圆洞，鸟儿可以飞到那里去和鱼儿"交流"。我觉得这个设计太妙了，这种空间重叠是我以前从来没有想过的。根据这个概念，我们开始设计这个房子的空间分布。其实台东人平时都不待在室内，因为那边的气候很温和，他们每天都有大量的时间在外面活动，聊天、煮饭、吃饭等。所以我们把用墙来区隔各个房间的传统设计，分散成有点像村庄的布置。它的睡房、浴室都是单独在一个盒子空间中，各个不同功能的空间独立、分散地铺展开来，盒子之外剩下

从甲虫屋入口的方向能看到太平洋

的空间便属于户外空间。这个房子80%的空间都是半户外的。房子有两个外壳——硬壳和软壳。台风没来的时候，软壳可以防虫；台风来的时候，硬壳可以保护整个房子。在台湾有段时间很流行巴厘岛风格的生活休闲空间，但其实台湾的气候不是那么适合它，风一来，室外的家具摆设都要收起来。所以我们用的这个壳，

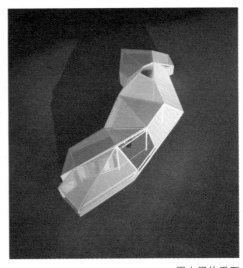

甲虫屋效果图

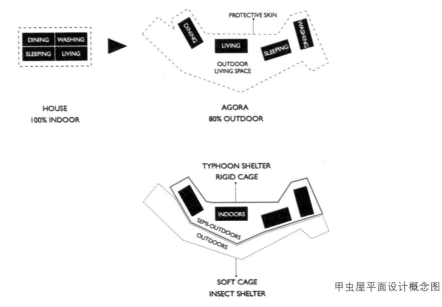

甲虫屋平面设计概念图

甲虫屋的厨房与餐厅效果图

甲虫屋的客厅效果图

实际上是很实用的。

这个房子有一个平台，它的上面有四个盒子似的房间，外面均有硬壳和软壳保护。整个房子设计出来是山型的，所有空间都是铺展开的，也呼应了后面山脉的景色，往前看就是太平洋。整个房子被玻璃纤维、半透明的格栅包裹着。房子的入口很简单，进去后，一边是厨房和餐厅，还有一个户外的用餐空间。再往里面走，是客厅（包含客房的空间），周围半室外空间的玻璃纤维和格栅基本都可以打开。房子上方的空间一反以往封得严严实实的形式，用特殊的覆盖材料做得开放通透。我们跟业主说，这房子上面的空间也可以放浴缸，天气好的时候可以感受室外泡澡的惬意。最尾端的卫浴空间简单到只放置了一个浴缸和洗手台等基本卫浴设备。这四个盒子似的房间设计得就这么简单，我们打算把这些盒子先在台北工厂做好后直接运到当地组装。考虑到房子靠近海边，我们用铝来做结构。这所房子看起来像是一个有机的盒子，晚上则会变成另外一种风景。

张淑征

89

甲虫屋的浴室效果图

甲虫屋的卧室效果图

甲虫屋的盒子上方的可使用空间效果图

点点点咖啡厅

在"点点点"（Dot Dot Dot）这个项目中，业主希望在一个特殊的空间里做一个咖啡厅。这是一栋新建筑，有很多拐角，造型比较特别。同时，由于房子外形塑造出了很多尖角，室内就形成了很多不知道应该怎么利用的空间。此块基地面积虽然比较小，高度却有13米。我认为一定要充分利用这13米，一定要把基地的空间特性发挥出来。我希望大家每次买咖啡时，都可以和这个13米高的空间互动，往上可以看到"奇妙宇宙"的景象；同时我也在幻想，不同的互动会产生不同的效果，这样顾客每次都会有不同以往的体验。我们在实践想法的时候，首选是非常便宜的材料——反光板。反光板的价格低，而且业主也没有经费去经常维护这个可动装置。如果装一些LED灯或其他用电的材料，造价和维护费用都太昂贵了。

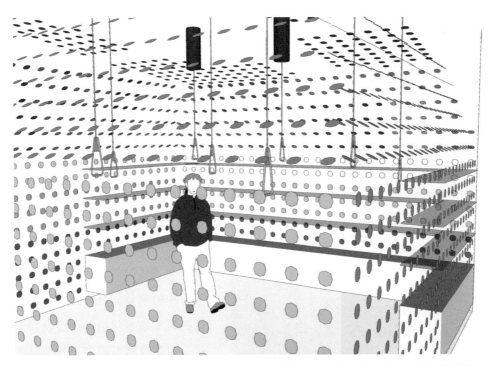

"点点点"中灯的拉杆在人可触及的水平面

日月潭饭店建筑与自然相结合的效果图

我们把整个装置想象成一个方阵，把这些反光板铺在不同的层次，把 13 米的高度都利用上，下面就是咖啡店。在这个空间里我们布置了 10 盏灯，灯也都是我们特制的，跟人可以产生不同的互动效果。比如说拉它的时候，它会向上升或者向下滑。当它位置改变的时候，照射到反光板的光线角度也会变得不一样，反射的颜色随之发生变化，明暗效果也不尽相同。我们还帮这个项目设计了它的咖啡产品包装，因为咖啡厅命名为"点点点"，所以其所有产品包装也充分利用了点的元素。不过很可惜，这个想法最后没有实现，因为业主跟屋主的房租没谈成。可以想象，我们的预算真的很低。

日月潭饭店

这是我们跟台湾一家著名饭店合作的项目。台湾当地的政府会把其土地承包给民众建设和经营，因此台湾有很多公共项目有点像公私合并经营的做法。日月

日月潭饭店出挑的景观露台效果图

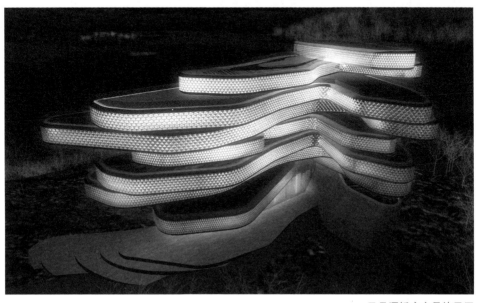

日月潭饭店夜景效果图

日月潭饭店"席地而坐"的使用模式与粗糙的质感表皮效果图

日月潭饭店室内客房效果图

潭饭店（Sun Moon Lake Hotel）这个案子要求业主的财务报告和我们的设计方案一起拿去竞标。

这个项目的基地在日月潭，是台湾最美的地方之一，这块地被当地政府拿来建观光饭店，正对面就是慈恩塔。附近的拉鲁岛被台湾当地的少数民族视为神圣的地方，很有原始风味。基地的形状有些特别，其区域内还有一些古树，我们希望将它们保留下来。其他区域有一部分是山坡，还有些地是不可动用的。

我们想把建筑塑造成周围整座山的延伸，同时强调酒店建筑 360 度的全景，无论人们从哪一处看这个建筑，都可以欣赏到不同的风貌。建筑的整个楼层是一层层叠上去的，每一层楼的平面形状都不一样，重叠起来就形成了别致的景观。整座酒店不大，有 120 个房间。

在日月潭周边抬眼望去，会发现整座建筑就像是山景的延伸。人们观念中的建筑是静止的，我希望让人感觉它具有流动性，便使用了富有视觉动感的外壳，观者根据所在位置的不同，可以看到建筑表皮的纹样在三角形和六角形之间来回变换，每移动 10 米就能看到不一样的效果。客房内装修的材料皆为原木，比较朴实、简单。客房空间也较低矮，适合坐在地上。我们希望来到这个饭店的顾客可以有一些不同寻常的体验。在看了方案和模型之后，业主开玩笑地给这栋建筑取了"飞天牛排馆"的名字。不过很可惜，我们的竞图没有赢得首奖，只得了第二名，当时方案的评判结果存在一定的争议。

变型城市

变型城市是一个公共案子，其定位为使用时间大约为三到五年的展演厅，我们的竞图得了首奖。它的基地是台铁纵贯线上已经废除的华山车站。华山车站曾经是台北市最繁忙的货运站，它旁边的建筑以前是日本人盖的梅酒厂，时至今日，这片区域已经变成华山艺文中心，厂房北边有一片广阔的公园绿地。此基地上残存着一个拆除了铁轨的旧月台，以往忙碌的工作景象早已不复存在。这个基地的变化和台北都市的发展有着紧密的联系，我们决定以此作为建筑设计的出发

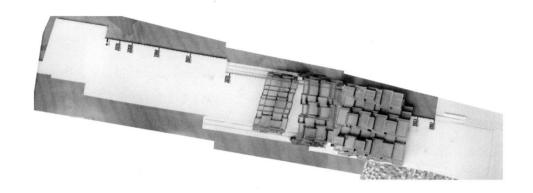

变型城市设计效果图

点，把建筑和月台空间结合起来，连接城市的东西向。这块基地非常大，人们在此远眺，可以欣赏到完整的天际线，这在台北市区已经是非常难得的景象。

我们的构思慢慢成形。车站与月台本来是用来服务过往火车的，可以把它想象成动态的、多功能的、可伸缩的都市空间。我们的设计理念就是要把回收的铁轨和火车轮重新用上。我们在铁轨上装上可利用火车轮前后滑动的建筑组合块体，像一道道拱门。其室内长度是可以增减、伸缩，从 10 米到 75 米不等，直至覆盖整个月台。它可以整个用来举办展览、举办时尚秀等活动，也可以分成不同的空间，给不同的人、不同的活动使用。变型城市像是一个观测站，透过观察这个建筑，可以捕捉到都市的脉动。

我们把块体的外轮廓设计成城市天际线的形状。这些城市天际线形状的拱门通过不同的组合形式，产生出有机且不可思议的效果，使外观看起来很复杂。后来我们把前面的大体块固定在月台上，其余的部分都可以根据场地使用状况而调节。

城市天际线形状的拱门组合体设计图

我们还在其中穿插了镂空部分，使用造价较低的网格制成。华山车站后面的广场，也是用单价不高、在台北随处可见的彩色水泥砖铺出的一处空间。因为台北市的房子盖得很乱，从空中鸟瞰，有许多红、黄和绿色的违建铁皮屋顶。我们希望把这个观察到的现象带进设计中，并在这些彩色水泥砖当中穿插着荧光砖，到了晚上，荧光砖微微发光，空地上就会呈现出依稀中尚有人烟的样子。

我们把月台设计成时间轴的形式，它记录了从 1891 年第一条铁路诞生开始，直到 2010 年整个建筑落成的过程，游客走完整个月台才能了解整个故事。

amba 饭店

amba 是一个新品牌饭店，坐落于台北市西门町。当你行走于充满霓虹灯和各式商业店铺的西门町时，可以见到很多商家标志，和日本的涉谷地区有相似的风情，我本人很喜欢到这里玩；加之我们事务所就在西门町附近，因此每次外国朋友来台北，我都会带他们游览这里。我一直觉得，从西门町这个地方可以窥见台北的都市纹理。

我们设计 amba 饭店外观时，希望用西门町街区赋予我们的灵感，来创造一个有代表性的空间。西门町对大部分台北人而言是混乱的，我想将这种"混乱"转变成"静态的流动"。当我思考川流不息的能量能用什么形象进行表现时，磁场的线图呼之欲出，引导我将建筑的立面设计成流动的符号，并且把开窗和动态的波浪结合到一起。考虑到这个项目位处繁华地段且预算非常有限，我们只能使用一些平价材料，做出时尚都会的视觉效果。

我们希望设计的立面能让建筑产生流动的效果，但我们不用手绘波浪，而是用了一个简单的矢量软件来做效果。我们选择三角形作为基础元素，因为三角形是有方向性的图形，改变顶点就可以变换形状的指向。为什么要选用参数软件创作图案呢？首先，我希望创造一种非人为的动感；其次，由于现有的基地条件是一栋老房子，每每去现场都会发现一些新问题，致使立面的绘制要经历多次重复作业。使用参数化软件工具来辅助设计，每当有新条件加入进来时，我们只需

远望 amba 馆店建筑

要稍微调整一下参数设定，即可产生新的图形动态趋势，而不是全部推翻再创作——所以整栋大楼的立面就是这样产生的。我们最终计算出 50 个单元模块，三角形箭头和所有窗户的造型是结合在一起的，并且矢量图程序经过转化便可直接成为外立面的施工图，还可直接放样及施工。

西门町什么颜色都有，非常喧嚣，从中几乎找不到片刻的安静。我们曾想过使用白色的外表皮，但要保持建筑整洁并不容易，最后业主大胆地选择了黑色。整个建筑从远处无法看清窗的具体位置，三角形的箭头也融合在黑色之中，

箭头和窗的融合

以箭头为原型设计的立面局部

amba 饭店建筑街景

amba 饭店建筑的夜景效果

非常整体，反而是楼下的购物商场和诚品书店非常醒目。我们没有用昂贵的照明灯具或是 LED 灯具，但由于西门町四面八方都有五颜六色的霓虹灯招牌，到了晚上，建筑表皮上的三角箭头能反射周围的灯光，和黑底对比时整体效果特别突出。为此业主很高兴，不用高额开销还能收获不错的灯光效果，可谓一举两得。

　　饭店的主入口在主干道一侧的北向小街上，位置并不显眼，人流量也较小。因为街道属于公共空间，我们无法将它作为建筑物来设计。饭店入口正对东侧建筑物的后方，人流量不大，所以我们可以把入口外的道路当作户外广场来设计。为了吸引人群，我们用一条条垂下的光纤做灯光装置，极具流动感。

amba 饭店室内大堂用 LED 光纤设计的天花

铁道博物馆

台北市政府将台北火车站和双子星大楼所在的轴线定义为城市的"未来新轴线"，铁道博物馆正好处于这条轴线上，位于双子星的西侧，基地部分建筑还存于以前铁道部门的旧址。此地可谓台湾交通和运输系统的原点，在刘铭传时代，台湾的第一条铁路从此开出。而100多年后，机场捷运线、捷运线、高铁和其他多条交通线路依旧从此穿行。

基地里的建筑群是不同时代建的，有日本红砖的房子，也有清朝老墙，从外观上看略显混乱。但究其共同点，会发现它们都是随着铁路的出现而修建的。景区正在施工，地下尚存一些古迹，等待日后一起开发。

我们在设计新建筑的时候，希望它既有铁道的形象特征，又能有新的表现形式。以前的铁路是用水泥格栅围起来的，一条条枕木自然成了整个建筑语汇的出发点。在静态建筑中，我们用旋转几何的方式，让走进空间的参观者因为丰富的光影变化而感到惊艳，同时也可以呈现出火车开动时窗外风光高速变换的错觉。这种视觉效果成了博物馆公共空间（公共走廊与过道）的主要设计特征。建筑的中间部分设计成可以举行展览的"黑箱"，公共空间的动线全部外挂在"黑箱"周围，其也变成了可以观赏古迹的步道。

这栋建筑在规划时并入了两个捷运站出口，使得建筑自身就有复杂的动线。加之台北市政府规定二楼必须设计空桥系统，我们不得不把这条动线也整合到建筑物当中。建筑物的这些动线有的往上接到空桥，有的往下接到都会广场，还有的接到捷运站出口，这些线全部结合在一起，又形成了整个建筑的外观设计。二楼的空桥横穿整个建筑物，左边窗外是古迹，往上行可至付费展馆，往下走则是都会广场。基地的大环境也很有趣，它四面的古迹状况各不一样：一边是很规矩的实用建筑，一边是有规则但无规律的建筑形式；南边是邮局古迹，北边是两个不同时代的古迹，东边是大型的交通枢纽，西边是刘铭传时代建立的机器局遗址。在这复杂的环境中，我们的建筑语汇形成一个系统的整合体，使得它在面对不同时代的建筑时，可以做不同回应。

台北市大部分的建筑是正南正北的，但到老区的建筑会旋转13度角。这座建筑选择了两条轴线，含有其作为台北新旧两区建筑交接点的喻义。

三楼的一半空间都用来存放设备。周边高楼林立，我们不希望从旁边的高楼向下俯瞰时，会看到园区内散落各处的大型设备机件，因此把它们内化设计，用屋顶遮蔽，并在建筑背面做镂空效果，作为机件室散热的窗口。周边所有的古迹都是用木头和红砖建造而成的，我们则选择了具有现代精神的建筑外貌，反而在室内用的都是一些老旧的水泥与红砖。在当时，这个材料构想存有很大的争议，但我们认为把旧材料用于室内，参观者和古迹是紧密联系在一起的；如果把这些材料用于室外，则建筑仅仅是和周围的古迹共存，不会更多地和人进行无意识交流。我们把餐厅跟大厅做了区隔，在它们的中间做了一个城市穿堂通道，称之为"都会大厅"。由于当地气候的关系，都市中的房子都会有骑楼，我们把这种都市特色转化为设计元素的引入建筑。这个项目我们前后做了很长时间的规划，非常曲折，其中也发生了很多故事。最终我们赢了竞图首奖，希望终有一天能建成。

铁道博物馆设计效果图

音乐之屋

我最后要分享的案例是两位音乐家的住宅，House of Music。其基地位于台北北端的一个多连体房子的老住宅区，屋主是两位音乐家：先生是指挥家，太太是双簧管表演家，夫妻二人在德国住了十几年之后回台湾定居。这块地是屋主的母亲留下的，业主希望在它上面重新建一座住宅。因为夫妻都是音乐家，所以住宅的设计不应该从普通的居家环境、三房两厅着手。我希望这个房子的中央是一个音乐室（Music Box）。由于法规关系，容积率和建蔽率需达标，整个建筑是五层楼贯通、加上第六层屋顶的形式。这样一来，Music Box 在中间，往上是私密空间，往下是公共空间，整个建筑变成一个"乐器"。

Music Box 的空间使用木材搭建，四周完全通透，可以使乐声传播到整所房子，让主人们随时随地都可以谈论音乐。因为我和我先生都是设计师，在家里的话题也

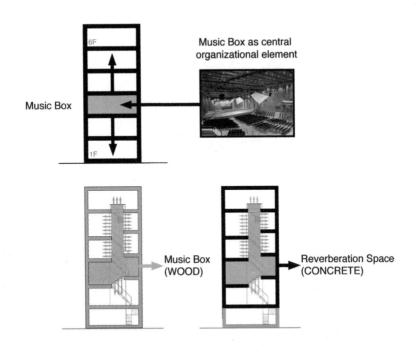

音乐之屋设计构思图

音乐之屋的建筑立面好似跳动的音符

都与设计相关，所以每个角落都会变成谈论工作的空间，我的生活体验也正是此案的灵感来源之一。我们把整栋房子构形为乐器，木头的 Music Box 发声，水泥建筑体则为回音箱，Music Box 的四壁是可以活动调整的界面，如同为乐器调音。音乐可以借由中间通高的 Music Box 天井传播到屋内所有空间，甚至连厕所都可听得到音乐。完工的室内部分，可看到 Music Box 旁边还设有观众席；Music Box 内部的楼梯是用玻璃做的，光和声音能穿透整个空间；再往上行走，便可到达卧室。整个 Music Box 天井内壁的五金构件是特制的，可以依照需求，选择联动或是单独开关。

这个房子占地面积非常小，每层楼在 45 到 50 平方米之间，也因此每层楼只有一个功能。客厅空间有一个很大的挑空，楼上有观众席。我们没有钱做昂贵的音响设备，就把胡桃木饰面的内墙做了简单的起伏设计，以避免产生回音。对于建筑外立面，我希望把它设计成音符的感觉。我将开窗设计成跳动的，从外观上无法分辨室内空间的主次，这样建筑就形成了自己的旋律。两个阳台挂在建筑外面，也随着外立面的开窗做了转折。

整栋建筑施工用清水模来做。其中诱导缝（Inducing Joint）处灌水泥一定会裂，但要控制开裂的度。一层和地下层因为有周边的土层支撑着模板，较为稳固，但往上几层的楼板都需用吊模施工，模板要被支起悬挂在预定楼层位置处进行浇筑，等水泥干了再将模板拆除。每层楼都经历了这样困难但精细的施工流程。

我们的施工难度非常高，比如往一个两三厘米的窗墙缝隙中灌水泥，这项工艺不太容易达成。再说外墙的厚度只有 15 厘米，里面还要做防水凹槽，剩下的 10 厘米需放置钢筋构件和管道设施。总而言之，这个建筑的施工很有挑战性。

除了 Music Box 之外，其他房间的室内空间使用纯白的内壁和横条木的窗框，很简约。一楼空间一度考虑用黄铜作为主要装饰材质，因为木头、黄铜、软木等都是乐器制作常用的材料，可以把音乐的精神融于室内。但由于黄铜单价太高，没有办法大面积使用于室内。Music Box 本来想用制作双簧管的黑檀木来做饰面，但是黑檀木太昂贵了，最后改成胡桃木。

地下室是一个很有趣的空间——酒窖，业主母亲给他留下的财产中包含有两千瓶酒类收藏。业主喜欢紫色，喜欢红酒，所以我们把这个空间做成他沉浸于一

通透的 Music Box 空间

Music Box 的可调节墙面

音乐之屋挑出的阳台

杯红酒中的眩晕的感觉。酒窖墙面呈不规则的弧度，周围放置酒的架子都是用亚克力棒架起来的。

    这里是台北老城区，房子在整个大环境中，和周边所有房子的外观极为不同。施工过程中，有很多人过来问，也出现过很多争议和抗争。随着建筑建成，邻居也由当时的不满转变为好奇。我觉得这个住宅让他们看到了在不影响大都市变更的情况下，私人也可以创造出一个独特的空间，个人的力量也可以改变城市的样貌。

    以上为我们设计的部分案子，想了解更多方案可以浏览我们事务所的网站（www.xrange.net）。我自己曾经在九个城市生活过，每当看到一些特别的现象时，我都会收集起来，一点一滴记录在我的博客中（www.urbanmatic.com），最终这些生活感受成了我设计灵感的源泉。

音乐之屋的地下酒窖效果图

问答部分

Q1：在看了您的 12 个方案之后，我发现每个方案都不一样，都有自己的独特性。而一般的建筑师或事务所会有一个统一的风格，您是如何看待个人风格的，或者您的个人风格是什么样的？

张淑征：没错，我们很多同行就是通过做某种类型而成功的，成功后就把理论公式化，并在之后的设计中不断地重复。但是我对重复的工作一点兴趣都没有。你说我们的风格很鲜明，但我认为，一个基地、一个项目都有自己的条件，比如说预算、业主、基地状况、用途等条件都不相同，每个案子的实际情况也会不同，我会想办法面对每一种情况，做出我认为最好的方案。所以最后出来的效果会非常不一样。

　　但对我来讲，风格都是贯通的。我定义的风格不是一种形式，而是"以什么样的方式看待这个事情"。通常我做过的东西，就不会想再重复。我会寻找新的解决方法，这样也能让自己对案子产生兴趣，不会做到一半自己也睡着了。

Q2：您说的点点咖啡厅，屋顶是怎样的状况？天空屋顶是敞开的，还是能发光的？

张淑征：它整个是一个 13 米高的空洞。那栋大楼有 20 多层，形似凯旋门，所以在一层形成了一个 13 米高的空间。这个空间的顶部基本上是开放的，但看不到天空。业主完全不知道如何使用这样非常规的空间，于是我们就做了那个阵，将反光板绑在铁网上，再吊挂在空间中。当你站在咖啡厅里，向上看这个 13 米高的空间，越往高处就越昏暗，会有自己消失了的感觉。

建筑繁殖场与游憩城市
——吕理煌

4

吕理煌

淡江大学建筑系学士，美国南加州建筑学院建筑硕士。1998 年至今在台南艺术大学建筑艺术研究所担任副教授。1999 年于台南艺术大学创立建筑繁殖场，以师生自力建造的方式，展开 1∶1 建筑试验的建造过程。建筑繁殖场母体建筑于 2001 年获得第三届远东建筑设计首奖，2002 年以后带领建筑繁殖场团队参加国内外各种展览。

　　我们的团队建立于 1999 年，到现在已经走过了 16 年。我们的成员建筑教育背景不同，DNA 组成不同，合作的事情不同，因此我们在架构教学训练系统时，尝试用实验发展出新的教育模式。

　　2004 年，建筑繁殖场团队代表中国台湾地区参加威尼斯双年展；2008 年我们受邀参加威尼斯建筑双年展，在其展区入口做空间作品的展览。我们在威尼斯完成作品展览后，开始思考，除了到国外参加展览之外，我们能为自己的城市做些什么？我们真心希望把过去几年在学校里面积累的教学经验，应用到城市建设中。

　　今天我演讲的主题叫"游憩城市"。我们在进行空间建构实验的时候，开始尝试改变城市环境。今天演讲中关于城市的部分，会讲到我们在台北、台中、台南这几个城市中的游走和作品的更新演进。

我们团队的名字为建筑繁殖场，其中繁殖场的概念与养殖场是不一样的。养殖场是为了大量培育经济动物，但繁殖场更贴近人类在实验室里不断探求的状态，希望发现下一阶段和下一代基因更优化的可能性。我们整个团队以艺术大学为依托，以"建筑"两个字为媒介，以工厂教学为创作途径，进行行动艺术的创造和发现。

Non-Side Zoom 系列

台南的城市建设发展过程中，被破坏了的最有名的地方之一便是沙卡里巴[1]。原本吸引了很多人的热闹小吃街，因为城市建设，把马路拓宽后，预将原有店铺迁到地下街区，但由于配套设施没有及时修建，不久店家都走了。地下街区并没有成形，原本活跃的地上街区也变成了城市中的"废墟"。台南市的艺术策展团队找我们来创作艺术作品，希望我们能整合民族街、民权街、民生街三条街廓中的海安路路段，并把空间串联起来，建成城市美术馆。我们也希望通过对空间的重新构筑，恢复该街区原本的活力，通过一系列的艺术活动把人们带回这片城市"废墟"。如此，不仅能带动商业发展，也能使年轻人对这里感兴趣，使之成为当代艺术的新空间和人们交流的新场所。

16年来，我们团队所有的作品都不做草图，直接用工具、材料在现场进行创作，通过最直接的身体劳动去体会作品、创作作品。针对"废墟"里地下街区的通风口占据人行空间的问题，我们尝试在通风口的上方去架构我们的作品。因为这里的通风口其实并没有实际功能，而且占据马路和城市空间，我们把构筑物架构在通风口和预留出来的停车场上面，试图借作品夺回人们对城市空间的使用权。同时我们希望作品的地上结构没有任何的基础或铆钉，能够独立承载自身的

---

[1] 沙卡里巴是台南市西区的小吃群聚地，形成于日治时代，曾经是台南知名的观光景点。

Non-Side Zoom 系列作品中的《大神龙》，位于台南市海安路与民族路交口处。

Non-Side Zoom 系列作品中的《小神龙》，位于台南市海安路与民生路交叉处的街角小公园。

Non-Side Zoom 系列中的作品《小神龙》，以及公园中的假日音乐会场景。

重量，并支撑起整个构筑物空间。

　　台南商业十分繁荣，白天的街道非常繁忙，我们的施工时间又是在六七月份，因此这期间我们几乎成了夜行动物，白天睡觉晚上工作。晚上我们自己模拟交通指挥和进行测量，把作品拉到能使双层巴士和大卡车通过的高度。建造时除了最大的跨街桥体是靠一台叉车帮助，其余只要重量和高度是人力可以承受的，几乎全部靠团队人力解决，连高梯也是我们自己做。参与建造的都是艺术大学的研究生，有高年级的，也有低年级的，其中总会有一两个老手扮演着领航员的角色，快速地判断所有的可能性，提升创作的准确度。我们所有工作都是在现场讨论决定的。

　　早上，周围的居民会来围观，我们把整个创作过程想象成一场行为艺术的演出，任何人都可以来见证这里的改变。我们的团队不用钉枪，所有的接口都用螺

Non-Side Zoom 开幕式现场

丝，以便于展览结束后所有木材进行回收。农历七月份时常会遇到季节性阵雨，下雨的时候，我们赶快把东西固定一下便收工。我们整个创作过程都是在严谨的纪律下进行的，否则最后不可能完成工作。

我们的物料全部是工业化大批量生产的，是从北美或者欧洲运输过来的，因此材料价格比较低。工作中留下的一些小木块如果不好处理，我们就将其焚烧，然后将灰烬用作堆肥。但如果是防腐的木头，就不能这样利用了。

我们把台湾南部生产的一种装水用的塑料桶改装成光罩，借由光罩实现对光的充分利用。晚上，我们通过各种灯具点亮荒废的街道，营造出欢乐的节庆气氛。灯具装完，我们团队对白色灯光的效果都挺满意的，但是这些灯具连续三个晚上都被周围的居民投诉、抱怨。原来台湾南部风俗是只挂红灯笼，忌讳白灯笼，况且农历七月是中国传统的鬼节，就更不能挂白灯笼了。于是我们马上对灯笼进行改装，在桶上画上红点，或者贴上海底生物纹路，使整个街道更像一个美术馆。改造之后，周围的居民接受了我们的作品。

作品完成后，我们再次面对海安路大街时，反而不会被汽车困扰。因为汽车的威胁被挡在装置的外面，在装置里的人就像在小岛上，可以享受静谧安逸的环境。

2005 年台南海安路的"非间带"作品开幕式邀请到了苏打绿乐团和当地著名的八家将戏团。开幕式结束之后，周围居民家的小朋友们就是我们作品最好的导览员，他们给外地来参观的游客讲解可以从什么地方攀爬、怎样游玩，或者告诉他们还有哪些路径漏玩了。可以说，这个城市"废墟"作品呈现了多元的当代艺术展演舞台，很好地营造了街道的延续感。

对于木结构架构，我们一直"玩"到 2007 年。2008 年我们开始尝试新材料，下面要介绍的正是我们 2009 级团队的创作。

水桶幻想曲

这部分可以叫作"水桶幻想曲"。水桶可以怎么玩？过去我们玩木结构已经积累了一些经验，从 2008 年开始，我们想尝试用其他的材料来创作大型作品。2008 年过年之前，我们接到在台湾一个广场做大型展览的任务。经过权衡后，最终我们决定用复合材料构建作品。我们提前将所有材料在台湾南部整合成活动房，然后通过吊车和卡车将其整个托运过去。

我们购买了七千个桶子，在刚刚设立不久的华山艺文特区进行加工。桶子原本是白色的，但是由于作品的展览时间是在元旦及过年期间，出于中国民俗对白色的忌讳，我们必须将其改变颜色。经过实验，最后选定了橘色。我们不在筒子里面串结构物，只在表皮做塑胶结合，整个结构靠桶自身的重量和强度支撑。我们试了几种不同的高度，观察哪种高度承重最大。制造空间的时候，需要有制高点把控舞台，因此我们将桶叠加做成塔，高塔成为空间布局元素中必不可少的一部分。

华山区相当于北京的 798 艺术区。12 月底天气很冷，大家用身边的废料生火取暖。作品在华山区展览一个月后，我们把作品移到那个广场进行布展。这个广场本来的实际功能是军用停车，我们希望可以通过这个作品把它变成一个人们能于其中自在玩乐的地方，于是将作品加工成了一个迷宫。我们尝试在既有的作品基础上，利用空间的大小收放，制造一个迷宫。这个建筑对我们来说，就像是一个空间尺度的设计训练，我叫它"一夜昙花"。

元宵节期间这件作品又在美术馆进行了展览，展览期间美术馆利用它举办了很多活动。我们搭建了适合小朋友玩的小迷宫，也构建了适合大人玩的大迷宫，大迷宫里还有乐团表演。借由这个作品，我们也可以看到光与城市之间的关系。建筑作品最重要的是创造出带动并且抓住人情感的空间氛围。这也是我们通过对已完成的作品不断进行回访和记录后的经验之谈。

2008 年我们受邀参加了意大利威尼斯国际建筑双年展，大会的主题是探讨建筑的可能性和建筑领域的发展。我们的作品刚好安排在大会的入口区展览，我们还把"果冻桶"安置到了大会的各个地方，给人们提供玩耍和休息的地方。

2010 年台湾剧院希望我们的作品到剧院的户外进行展出。剧院有很多树林和广场，白天很热时人们可以到树林里去躲阳光。我们在林中建造了一个音乐月台，供人们在乘凉时聆听音乐，并在树林里建了两个设备房来控制音响。我们还

广场上的"果冻迷宫"

广场上的"果冻迷宫"

在林中不同地点设置喇叭，以保证树林里的各个角落都可以听到优美的音乐。设备房高过围墙，墙外的人们可以看到它，吸引人过来，同时也将音乐扩散出去。

以前的树林区域没有开辟路径，大家不太容易走进来；大树树根也常浮出地面，容易绊倒游人；下雨时泥巴满地，路更是不好走。因此，我们用木平台铺设出路径，晚上灯光一亮，带动了整个场所的氛围。这些木平台可以通往捷运站，也可以直接把人带到乘凉休憩的地方。所以，这些木平台的设计像我们布的一个局，把空间铺陈出来，把人召唤过来。然后就会有美好的事情发生：早晨人们在这里做晨操，到了晚上果冻灯一亮起来，这里又成了大家互动交流、谈恋爱的地方。小朋友们在这种场所里最自在，他们的身体被音乐带动，无拘无束地玩耍和游走。在夏日的晚上，音乐月台会有一些乐团演出。

反转视界——"域岗"

2009 年，我们开始进行另外一个空间实验——空间的易殖和拓殖。我们在台中的省立美术馆大厅做了整个空间作品及行为艺术的展览《反转视界——"域岗"》，把在私密场所用的浴缸转换成公共空间里的作品，团队中的每个人都直接参与了现场的行动艺术活动。我们提前向美术馆人员报备将有现场艺术活动发生，而整个活动的结果超出了我们的预期。拍照记录之后，我们本想开始进行作品的下个阶段，没想到观众入场后开始与作品互动起来，一直到晚上美术馆闭馆之后，我们才把浴缸重新整合在一起，开始新的作品组装。组装完成后，团队成员还特意爬上去做结构测试，以保证安全。

展览期间，我们发现小朋友对身体的使用比大人更活络，他们的身体对作品有更好的接受度和适应度，会想出各种不同的可能性和玩法，整个美术馆就像他们的游乐场。更有全家人一起"泡"在浴缸的情景直接在美术馆呈现。美术馆中庭的挑空空间，被改变成聚集和交流的场所。我们把之前做的行为艺术场景做成大的图面贴在墙壁上，当成整件作品的背景。最后，这些浴缸组合反而给人另外一种感觉——像精神性的教堂，也像是石窟里的一个个洞窟。

《反转视界——"域岗"》，美术馆内现场观众与浴缸同乐

《反转视界——"域岗"》，团队成员做结构强度测试

失乐园

2010 年，我们在台北市的士林纸厂废墟中进行创作。基地类似于早期的 798 艺术区，由于种种原因，这里的开发一直未正式动工，纸厂搬迁后变成了废墟。在这个废墟里我们做了作品《失乐园》，它可称得上是一个秘境。

虽然周遭都是废弃厂房，但有几个展览计划于此地举行，我们的团队被邀请设计展览场域。在一块展览区里面，必须要有浴室、厕所，还要有喝饮料和休息的地方。我们用果冻系列作品构建了浴室、厕所，把破房子变成一个咖啡店，把户外的荒草地建构成可供人们停留的平台，还把废墟中的水池铺设成一个供人们休息、交流的区域。

秘境：咖啡区

我们尽量保留废弃厂址，只清除了有塌陷危险的屋顶架构。对屋顶进行结构改造时，我们重做了屋顶的结构墙和内部遮雨设施，并创造了一个新的空间，完美地呈现了自然光和风的魅力。最重要的是，通过呈现这样一个自然生态环境，人们能够品味它所表现出来的时间感与魅力。

在厂房废墟里，我们希望开发一些可供人们交流、聚集的场所。如咖啡区

咖啡区的植物原生墙

咖啡区夜晚场景

咖啡区外景

咖啡区的交流讨论场所

里除了有供人们喝咖啡的空间之外，还有一些可以进行交流讨论的空间。在咖啡区的对面有一个斜坡，它可以把后面的屋子挡住。绕过斜坡，进到屋里后，人们所面对的是一块别具特色的交流区块。明亮的阳光透过凋破的屋顶直射进来，照亮阴暗的旧厂房。我们最想强调的是一道墙，它是城市里面最漂亮的一道植物原生墙，由雨水和天光造就。阳光从屋顶洒下，废墟、光线和时间感交织出一幅很漂亮的画面。我们希望大家有机会可以坐下来品味时间的残渣，感悟植物、光线和生命力等。临时厕所用的是塑胶容器，用果冻墙做的厕所的内部空间原本看起来效果并不太好，但结合旁边的咖啡区，以及晚上内部的照明灯光，这里变得奇特、有趣起来。

日光吧台："忘域"

  玉溪有容教育基金会每年都在台湾赞助举办"世界新闻摄影巡回展"台湾站的展览。2011 年，他们希望户外展览的公共场域可以有更多的交流空间。于是，我们用木头做了一个空间结构，白天用来休憩，晚上用来举办"音乐无国界"活动。音乐活动既要有户外表演场所，又要在下雨时有室内演出空间。我们面临的问题，是在保证兼具室内和户外场所的前提下，提供给人们停留、围观、欣赏的区域，还要把公共空间和私密空间区隔开。同时，由于厂区没有大的指示标语，参观者来到这里的时候，我们需要用某种空间建构暗示大家，这里将举办一些活动，从而把人吸引过来。

  "忘域"这个塔站的首要任务就是把人给吸引进来，同样它所处的特殊位置也是为了区分两个不同区块的使用功能。"忘域"塔站的一边为木构坡体平台，在它上面我们设计了一组拉筋凳，这是我们借由回收的木料做的一个课题研究，这里也可以当作休息的地方。看完室内表演之后，人们可以在这里逗留、闲逛。塔站

"忘域"——塔站与舞台的夜景

"忘域"——拉筋凳休憩区

"忘域"——音乐舞台场景

"忘域"——户外公共场域给城市居民提供了一个在夜晚活动休憩的场所

的另一边就是夜间演出的户外舞台。塔站与舞台的两个主要结构系统是基本相同的，只是一个被当成舞台的屋顶，一个作为立起的结构塔。利用阳光和阴影，它们创造了一个吸引人们停留的悠闲之地。晚上灯光初亮，人们可以在凉爽的夜空下看表演。夜晚表演开始的时候，除了舞台上的人，现场的观众也十分活跃。"音乐无国界"现场的演出延伸到摄影作品，人与这些摄影作品有了更深层次的沟通。

除了晚上的音乐活动，白天人们可以在这里闲逛、做白日梦，也可以互相闲谈，做自己喜好的事情，而身后就是台北市的阳明山。

宜兰武荖坑溪桥

2013 年正月初九，我们一行人来到台湾北部的宜兰，参加绿色博览会。我们需要的所有材料刚到，天空就开始飘雨。在这种状况下，我们怎么样进行一个跨度为 70 米的溪桥创作呢？经现场商议，我们决定做两个 35 米的桥，再把它们连接起来。我们的目标是一个半月完成桥的结构，并吊到溪床上。我们先进行了桁架结构体的放样和打样，然后开始复制。第一座桥是躺平复制的，拉起来后再

種子桥的底层

百人上柳叶桥测试载重

靠人力进行弯曲。虽然是铁架构，可是大体量成型后，它的柔软度超乎我们的想象。我们进行预力的拉伸和变形后，桥体最后呈梭形。桥体所有部分都是在河床旁边进行施工和打样。当第一座桥体完成之后，我们把它吊到旁边，接着制作第

种子桥底层的斜步道

二座桥梁结构。

　　第一座桥是梭状的，肚子比较大，称为"种子桥"；第二座桥的腰身特别瘦，称为"柳叶桥"。第一座桥墩跨距是 25 米，第二座为 30 米。我们之后进行了百人上桥测试活动，结果百余人在柳叶桥上非常愉悦地完成了安全测试。在上桥区和下桥区有一些平台，高低不同，人们可以在这里玩水、停留，使得人与水的情感升温。桥上有内部信道和两侧信道，以及上面的桥面空间。

　　绿色博览会期间，有不同的学校团体前来参观，种子桥底层的中心区成为最好的教学区域。种子桥的两端是大平台，可以供人们休息和晒太阳；同时，桥下还有丰富的自然水源，人们在桥上可以看到水中悠游的鱼群，是自然生态教育的绝佳场所。可以说，底层的桥面是微缩的水中场景，可以构建人跟水的和谐关系。在桥面二层可以欣赏周遭的山景。

　　今天的报告就到此，谢谢大家！

问答部分

Q1：您的设计是不用图纸的吗？所有的设计都不用么？

吕理煌：是的。在不画图、不做模型的情况下，可以把人拉回到原始的创作本能中。就像小孩玩积木时的心情，自然而然会知道怎么搭是对的，怎么搭积木会垮掉，什么情况可以继续往上堆。我们希望把整个教学活动变得像游戏一样，人们可以利用感官亲近环境并体验材料。

Q2：如果您不画图，即兴设计的话，它的极限性在哪里？

吕理煌：极限性，这也是我们好奇的事情。我们没有图纸，只要你信任我们，给我们材料，那我们就一起做场实验。我们可以让观众搭建结构体，观众可以在结构体上做任何事情，把原有的场域变得不一样，让空间更有个性。我们是由不同的个人组成的，在研究和实验的过程中，每个人的差异、能力及抗压性就决定了我们的极限性。所以说，我们所面对的极限性是每个人面对自我、身心五感和体能毅力的极限。

Q3：您跟学生是一个团队，共同在做东西，我觉得您的学生几乎比建筑工人承载的压力或劳动量还多。这么大的工程量下来，怎么保证团队直到最后还有凝聚力？

吕理煌：一个团队最重要的是默契。假设有人喊不玩了，那么整个团队就要停摆。我们俗称这些创作叫"知识分子下放"，它真的是对身体的劳动和改造。我们已经走过了近20年。我们希望把身体的主体性从电脑世界中夺回来，而不是一味地依赖计算机，并想办法探索身体劳动创作下的极限，这就是我们必须要有的信仰。如果是接受如此信仰的伙伴，我们欢迎他加入团队。加入我们之后，他还必须适应一个"大跃进"过程，利用自己的身体逐步去规划和解决问题。

Q4：您在整个设计的过程中是没有铺陈模型的，您总是强调材料到位，您对材料有最初的设想和估算吗？

吕理煌：需要多大场地，需要投入多少费用，是这么多年我们实践积累下的最有用的经验。每到一个城市，我们会先解决吃饭、睡觉、洗澡，以及洗衣等基本的生活起居问题。只有这些都解决了，生活安定下来，大家才能安心创作。

在人员的数量上，我们一般是12到15个团队成员。因为12到15人方便编制，可以分为三、四或者五组。不论是木构造还是钢构造，我们都必须找现成的市场生产品，因为这样才便宜。比如人家用来装酱油的桶可以用来做灯具，这也是一个废物改造利用的学习机会。这实际上是我们必须控制预算，绞尽脑汁后想出的对策。在做空间实验和空间场域装置的时候，我们会思考如何使材料的利用率最大化，同时吸引观众。当然我们会有一个评估，假设在没有预算或者经费拮据的时候，作品是否该进行下去，以及如何保有它的创作价值。如果预算会影响作品质量和强度，我们就会婉拒。

可量与不可量
—— 杨家凯

杨家凯

　　毕业于美国纽约哥伦比亚大学建筑研究所，目前为余弦建筑师事务所台北办公室的协同主持建筑师。其事务所在纽约曼哈顿地区和台北各有一间办公室，虽然规模不是很大，但一直持续创作。事务所的大部分案子为公共性的建筑项目，也包括地景建筑。设计不同类型及创意的建筑是余弦事务所的特色，其许多作品曾在国际重要媒体上发表。

软墙（2008）

　　在 2008 年的威尼斯建筑双年展上，我们事务所做了一个很小的装置作品——两道软墙，将我们过去在台湾设计开放空间时积累的经验转化成艺术装置。

　　这两道墙用两排回收的日光灯灯管作为主要材料，用 CNC（数控机床）切割铝套件来做连接节点，最后在墙的表面用纸张编织我们的创作。因为纸本身是软的，我们希望参观者可以主动或被动、有意识或无意识地和它互动、接触，或者拨开它，或者从两堵墙中间的过道穿行时，人的运动所产生的地板震动或风，影响这个作品的状态。这次的展场是威尼斯的古迹，由于组织方要求不能损坏任何原始的建筑构造，过道的地板是加盖而成的。当人走在上面时，这些地板必然会

《软墙》，2008 年威尼斯建筑双年展作品

有一些细微的振动。

这两道软墙的设计思路，实际上是我们在设计一些都市开放空间时积累的灵感。台湾是个很小的地方，街道上充斥着各种各样的招牌，这些招牌是整个城市的地景，成了大部分人对台湾都市的深刻记忆。我们用了非常多的日光灯管去照亮招牌上的文字。经过数值分析，我发现台湾每人每年平均消耗日光灯管的数量远高于美国和日本。这是个很值得玩味的现象。日光灯消耗数量基本上代表了城市亮度和能源消耗数量，但是，我们到底用它来照亮的是什么？除了商业应用外，城市里其实还有很多深层的文化和软性的东西，这部分是我们认为需要被凸显的地方。这两道墙壁背后的意义便在于此。

我们刻意让墙上的纸有三层造型渐变。走道前段的软墙纸板配合头与身体的样貌，最接近人体轮廓，上层凸出，下层坡缓。走道的尽头则刚好相反，身体不可避免地会与纸板碰触。装置下面的灯管是回收灯管，唯一的光源是两排安置

《软墙》，2008 年威尼斯建筑双年展作品细部

在地板光槽中的黑色灯管。大家知道，黑灯管基本是没有照度的，但有趣的是白纸与黑灯管的互动关系。白纸含有荧光剂，颜色越白，荧光剂含量越高。去过迪斯科舞厅的人大都明白，想要引人注目就穿白色衣服。因此，我们眼睛所看到的这个装置的亮度，基本上是荧光剂与黑灯管之间的互动结果。我们把不希望发亮的地方印成黑色，产生一种景深效果。因为整个展场空间本身很昏暗，装置产生的效果非常有趣。如果远观，可以看到一个大型图像，图像内容是我们在台中市曾经做过的公共空间改造项目，我们把局部空间的细节、图解喷印在纸的凹缝里面，鼓励参观者充分发挥好奇心。当他们在远处看到一个图像时，会很想靠近软墙把它扒开来探究，继而惊喜地发现里面印有图解和各种解说细节。

医疗设备厂房（2012）

这个案子是一个制造医疗设备的工厂及研发中心，位于宜兰。这块基地后面是山，旁边有一条河，不远处就是河流的出海口。厂房基地就在海边。

这块基地的地理条件非常不好，会碰到海风、盐分侵蚀等问题，这些都需要我们去解决。而且这个厂房生产心导管，这是和身体联系密切、安全性要求比较高的医疗器材，所以对于风、气候及环境的控制是我们在整个设计过程当中都需要格外注意的环节。另外，我们期望整个建筑可以更多地和周遭环境相融合。计划中，整座建筑的一层有实验室、生产厂房、会客及展示的空间；二层是办公、研发、授课研讨及用餐区；三楼的配置是比较私密的国际顾问招待及居住空间。

本案的设计规划以机械隐喻为出发点。不同于工业与自然的对立关系，我们希望这座建筑可以与地景有更多的融合。一方面，我们希望建筑体量是漂浮的，与地分离；另一方面，其立面轮廓剪影可以和后面的山势有所呼应，形成一个前景与背景相互对话的景象。我们在处理体量和空间配置时都有意地进行这样的思考。因此，建筑体量、授课场所及实验室空间的配置，和后面的地势、风景在某种程度上都相对应，而且不是简单的重复，建筑与周遭环境成为一体。

厂房的计划空间的体量配置是本案的设计策略，"推迭"则是主要的形式操

作概念。企业在不同地区生产不同的产品组件,虽然生产组件的各个工厂皆是以储藏库、无尘室为母型,但因生产不同功能组件的差异性,每个工厂都有不同的计划空间。因此,每一个工厂皆有特殊性。当然,不可置疑的是,设计最重要的还是挑战建筑物理环境与基地的关系。我们希望在可以控制风的同时,将自然光引入建筑内部,在里面工作的研发人员还可以看到外面的风景。因此,我们将本案最重要的计划空间,也是除了仓储及无尘室外最大的空间——居室、餐厅与研讨室放在二层面对海的位置,下方为卸货平台。我们还利用造型与结构的共生关系,在研讨室外配置了一个超大阳台兼雨披,悬挑有五六米长。运送货物的卡车停驻的地方需要大面积的遮阳避雨区,这个设计正好满足了装卸货的需求。

由于基地临海的特性,我们选择使用混凝土材料构筑建筑的结构和外表皮。混凝土阳台兼雨披悬挑很长,我们利用一道结构墙壁,结合板梁结构向外延伸,悬挑出来去支撑这个雨披的一边。这块板梁构件呈梯形,连接建筑墙壁的部分较

封闭与开放，有空间深度的建筑立面

宽，越往外越窄，板梁与悬臂梁相结合，成为雨披的主要结构；在另一端点，则使用钢棒拉住，使得混凝土阳台可以向外悬挑到 5 米长。为什么我们不使用轻盈的钢构来做阳台及雨披呢？这是因为我们希望在海边的任何构造物的后期维护越容易越好。盐分对钢构来讲，不管是否上油漆，对日后的保养都是很大的威胁因素。如果希望整个建筑易于维护，我们需要把钢构材料减到最少。

建筑翘起的部分运用了长型天窗，光线可以从上方进入室内。其实这个建筑的所有细节都在考虑气候这件事情，如所有的开窗都倾斜了一个角度，使其既背风又不阻碍光线的进入。二楼的双层外皮之间夹有一个室内阳台，内侧装有电卷门，刮大风或是台风来袭时可以关起来，达到防止风害的目的。

我们刚才提到的授课研讨空间里，光线透过水平的天窗，沿着上端的斜墙壁进到室内。外表皮和室内窗户中间的空间放着排烟设备。当建筑规模达到一定程度时，便需要在室内放置排烟设备，我们不希望它出现在授课研讨室这种纯净的空间里。对我们来讲，这是一个近乎教堂式的神圣的思想性场所。因此，整个空

因此处迎着出海口易遇风害，二楼采用双层外墙设计，一楼开窗采用背风向开口设计

基地背面的排水沟与自然生态

间的造型几乎是根据阳光照射进室内的角度设计的，墙与光线共同塑造了一条连续直线，最终将人的视线延伸到室外。刚才提到的悬臂板梁，让此处的对外窗口变成一个有趣的开口造型，它不是简单的方形开窗，而具有特殊的功能：使海风不易威胁到这里的落地窗；由内往外看，视线更能得以延伸，也增加了光线从垂直和水平方向同时进来的可能性。光线从上方垂直进入，经过空间的压缩变成水平照射，带领着你的眼睛看到窗外出海口的木质露台。我们对所有的细节、所有

厂房夜景

的通风口、所有的设备都做了考虑，它们被安排在最小的空间里面，从而让主要空间得以非常安静和空旷，适合思考与阅读。

中兴大学入口景观工程（2006）

中兴大学这个案子让我们在地景建筑上收获了一些有趣的经验。台北、台中、台南、高雄，这些是中国台湾从北到南几个重要的城市。台北和台中，这两地的气候及空间尺度的差异有点像纽约与洛杉矶。当然这只是比喻，它们实际的城市规模是有天壤之别的。

台中的中兴大学案子很有趣，它位于旧城发展的绿带上，而城市早期的重点公共设施都在这条绿带上面，包括台中公园、科博馆、美术馆及中兴大学，它也成了城市周遭很重要的生活机能绿带。现在新城的发展基本脱离了旧城的绿带，往其余地区扩建，但是旧城的核心功能并没有被弃置。

在政府推动区域空间改造的提案中，当地的文史工作者主动提出建构完整

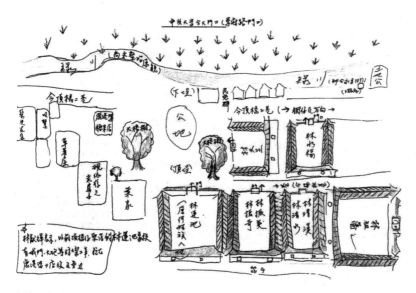

当地里长的手绘地图

的地方文史记录和研究，这一点成了本案的发展基础。地方老者更以水彩绘制一系列过往的记忆，图文并茂，深入人心。因此，本案的都市文化空间建构是由下而上，而非由上而下发展的实例。在中兴大学建校之前，校门前本是一大块私有地。当时的地主把自己的土地开放出来让邻里共同使用，有着私有地公用的美意，一度成了当地非常重要的精神文化生活空间。人们在这里表演、听戏、喝茶、聊天……农闲之余所有的社交活动都在这块地上举行，从当地里长的手绘图上可以看到这个区域被称为"公地"。当地政府和人们都希望能够结合自下而上的力量把记忆中的"公地"找回来。那些图像和空间经验，成了我们设计时非常重要的、可以参照的线索。

可以说，这个案子的意义不只是找回土地的故事。在公共建设城镇化、现代化的过程中，人们大量铺设马路、高速公路等交通设施。这些建设在今日，或者是不远的未来，都将面临被再定义的可能性，因为过去的公共建设方案都是基于早期的大计划预测的结果。时至今日，多数的理想主义规划、大计划等皆因复杂的都市发展因素而宣告失败。因此，本案的实质是通过寻找"公地"启动都市公共空间再造的机制。多年以前，校门前的都市绿带因交通的假设需求，被改造成

当地里长的手绘水彩画

了六线道的大马路。但是今日，由于环保意识的提升，人们倡导无车校园活动，使得预期的交通需求逐渐消失。交通单位和专家对校门口马路流量的测量表明，其实际没有以往那么大的车流量，这也成为我们改善都市闲置空间的正当性理由

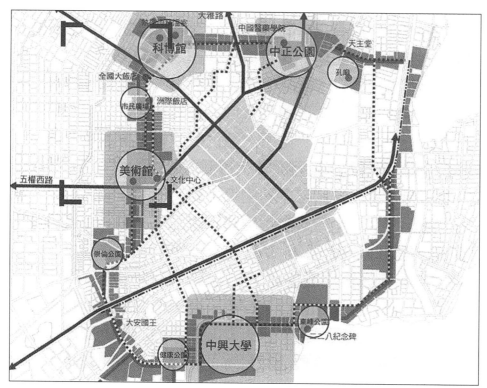

中兴大学及附近的区域划分

和现实基础。

　　骑脚踏车的休闲活动在全球已经变得非常普遍，它既是一种便捷的绿色出行方式，也是休闲生活的象征。在台湾地区的很多城市，尤其是台中，持续大量地建设脚踏车专用道。行经中兴大学校门口的脚踏车专用车道也已经建设完成。

　　这个基地非常有趣，它周围的车道和河道两边都各有不同的社交空间：学校本身是一个很大的开放空间，河对岸有民众文化活动中心，旁边还有个小庙。我们希望用设计元素或手段把这些主体都串联起来，包括校园、河道、车道、河道旁边灌溉用的绿川，以及邻近的民众文化活动中心和整个商区。

　　我们利用人造地皮的概念做了一个地景建筑，将附近所有既存都市建筑和空间交织、串联起来。在想象图里，自行车道从中兴大学的一个大演讲厅旁边出发，引向校外的隔离绿化带，绕一圈后开始爬坡上桥，越过马路，最终到达对岸及河滨公园。我们企图把文化活动中心的二楼也打开，这样便可既创造出公园，也创造出地景建筑物——天桥，从而建成一个巨大的建筑体，这个非常有趣。虽然真正建成的建筑并不是很大，但是它把周遭事物串联在一起，建构成一个很大的连续性公共空间。

因此，我们建构出这个有趣的案子：从学校门口开始穿越，一块大草皮变成了一个大阶梯，在掀起的草皮底下创造一个户外的表演交流空间。自行车道跟着动线可以慢慢爬上天桥，走过所有的坡道，跨越到对岸。

完工后，这里的整体结构看起来是连续的，但我们其实刻意在系统上把它分段，让行人从下往上看时，看到的每一段跨越设施造型都不一样。例如天桥跨越马路就用了一个很简单的造型，但跨越河道的时候，我们希望它像地上捡到的一个树枝放在河道上的样子。每一段跨越的设施看起来像是不同的基础建设工程，在某种程度上，我们确实希望它上面的自行车道能对基地的不同分区各自回应。

中兴大学入口的地景天桥景观（跨越马路）

中兴大学入口的天桥俯瞰景观（跨越河道）

台中处于北纬24°的亚热带地区，是个很热的地方，再加上位于台湾西部，西晒比较严重，所以我们在桥上加建了类似玻璃的外层遮蔽材料，让西晒的状况稍微减轻一点，上方还安装了喷雾设施，能让温度降低一些。我们在玻璃上还呈现了一些小区历史故事，使之变成了一个户外博物馆。这个设计有趣的是，可以把自下而上考据出来的故事和原始的建造美意，反映在开放的空间里，而不是再盖另外一个公共设施，以填充的方式来解决。这里真正做到了把历史的记忆用另外的方式来呈现，不是寻求复古，而是不断前进。

桥上水雾设备及历史展示区域

桥下的公共空间

桥上的地景公园

从高于地面的公园上看，建筑和马路之间的关系是脱离的。公园桥下的空间是一个提供给学生的自由舞台，不用申请就可以在这儿做任何表演。对临近的幼儿园的学生和老师来讲，这儿也是一个很棒的活动区。整个空间刻意表达的是一个"口袋"的理念，各个角落都希望给人驻足停留和说故事的机会。这里的中庭空间里展示的巨型画作是当地里长绘制的过往已消逝的风景。

可以说，这里的整个空间不能单独定义为一个天桥、一个建筑或是一个剧场，它实际上是一个没有墙壁、活着的博物馆。我们还没真正做到，但一直努力把活动中心二楼的墙壁打开来，这样它就可以真正成为一个地景、桥梁和建筑的综合体。这个基地的形式非常特殊，改造机会也很难得。我们在这里仅仅做了一个简单的动作，就把校园大动线和区域的开放空间全部连接在一起，这是这个案子最大的特色。

桥下展示空间

秋红谷生态公园（2009）

　　秋红谷生态公园这个案子也在台中，位于最新开发的商业住宅区内，毗邻国家歌剧院和新的市政中心，房地产价格在当地是最高的。基地面积 3 万平方米，非常巨大。其地块不是一个规整的长方形，而是一个长边 250 米、短边 200 米的 L 型。这原本是政府的建筑基地，开发商和政府签了合约，准备建造并经营一个展览会议场所。在开发商向下挖了 20 米作为地下室之后，由于发生全球金融危机，这个案子也就停了。这个大坑留在这里将近三四年，地下水位开始上升，环境非常糟糕。

　　置身在地下 20 米深的空间的体验相当奇妙，人们可以感受到与城市彻底地

秋红谷生态公园俯瞰

秋红谷生态公园咨询处

秋红谷生态公园水上浮桥

分离，无法辨认出自己是否身处其中。我们的任务是要保留这个感觉，但是需要将这个巨大的人造地下室改造成一个下凹公园。

市政府曾评估，要把这么大面积的坑地复原，光是买土、运输和施工填平，就需要两亿台币。对于市政府来讲，先花巨资把这块地复原，后期还要再花钱兴建其他的项目，这是一笔非常巨大的投入。因此，他们给我们出了一道难题：花三亿台币，比填平的钱再多一点，将这里变成一个很有意义的公园。

基地地下水在负8米到负4米之间。为什么要先提这件事情？因为改造首先要面对的就是地下水问题。地下水会一直流动，需要一直持续抽水。我们做了一个回填的策略——过去在挖地基的时候是想尽办法把等高线挖出来，而现在是把这个等高线盖回来，也算是一个有趣的经历。我们的策略是，在L型的空间里，使周遭环境感觉被放大，做到尽可能在透视上不看到边缘。造型和等高线的逻辑就是，让角消失在一定的轮廓里，所以我们碰到角落的时候不是关闭，而是把它做另外一个凹陷，角会消失在透视上面。我们希望这样的视觉效果能让空间感觉被放大。

三万平方米的基地，由于挡土墙的设计关系，需自基地边缘退缩安息角距离。我们的设计概念是在都市中心区域置入一个巨大的虚空间，使之成为都市居民日常生活的心灵僻护所。我们希望以最大的水面形成一个天空与都市的反射面，让居民可以身处其中，暂时抛开都市繁忙的生活步调，享受片刻的宁静。于是地下水湖泊成为生态公园的核心。

在公园内，我们于L形基地的三个端点盖了三栋建筑物，并以景观步道相连：一栋是埋在土层里的景观厕所——因为旁边的房价非常高，所有的居民都不愿意公共厕所出现在自家房子门口，所以景观厕所要尽量躲在土里面；一栋是餐厅的服务设施，一半在土里，一半在地面；还有一栋是漂浮在地面上的咨询处，进入这个空间里，可以看到远方原本高高的行道树，而在透视和树的双重作用下，人和房子之间的距离感会放大好多倍。秋红谷生态公园是台中市民脱离城市繁忙生活的最近的去处，也是都市生活心灵的任意门。

我们在咨询处还做了一个有趣的尝试。咨询处的建筑本身是一个玻璃盒子，外面需要遮阳的外皮，我们做了一个贴合入口流线造型的散热片。散热片随着不

秋红谷生态公园地景建筑

秋红谷生态公园夜景

同的空间形态做一些几何状的变化，产生了不同的遮阳效果。

这个方案的决策过程非常有意义，产生了很多辩论，如都市开放空间的价值为何？一块绿地之于城市的价值在哪里？市民都希望它是永久的，但不管它存在的时间是长是短，只要能对城市和居民的生活产生正面效用，它就是有价值的。各位如果有机会可以去这个基地，相信将会获得一次非常有趣，且独一无二的空间体验。

东海大学音美馆（2007）

2007年我们做了一个和地景有关的建筑，即台中市东海大学的音美馆。东海大学是台湾地区最漂亮的大学之一，校园中的路思义教堂是贝聿铭先生和陈其宽先生合作设计的。以教堂为分界，校园西边是旧教学区，东边则是一些大型开

东海大学音美馆之间的活动场地

东海大学音美馆

放绿地和教师宿舍区。著名的东海牧场位于东校园；因为学校的扩张和发展，牧场区域开发成为第二教学区。第一和第二教学区都有接送班车，学生上课时可以在两个校区间通行。

　　基地位于第二教学区的东北部，紧临道路。音乐美术园区西面不远处是东海湖，是消防和生活用水的蓄水池，虽不大，但有东海师生校园生活的共同历史记忆。竞图开始时间是2004年，建筑计划包括一座1200人的音乐厅、一座600人的音乐中厅、一座200人的多用途表演厅、音乐系馆、美术系馆和一座美术馆。这是一个大规模的整体计划。

　　之后，学校的建筑计划改变了，先只盖两座系馆，非常可惜。此次设计概念是创造一个学习空间，把第一教学区的空间特质融合进去：合院的空间、文理大道、树廊的空间特质，加以在不同空间穿行的经验，都需要转化到新校区这个方案中。我们不做复制，而是希望加以转化，创造新形式的立体合院学习场所。

　　原先竞图中需求的建筑体量非常巨大。设计策略上，我们希望建筑物不要太高。因为基地前身是牧场，我们希望在牧场基地里盖房子时把所有空间尽量压低，

东海大学音美馆

做成一群非常高密度的低矮建筑体，让这些建筑之间的缝隙产生回廊的效应，就像利用编织的方式做一个系统化的组织。

如何创造有趣的校园空间经验、合院式的教学空间，使隐性空间纹理和完美的教堂相契合，这是第一个设计挑战。校园里的路思义教堂是东海大学的地标，也是台中市的地标。教堂开放时间不长，室内有非常美的格子梁结构。但教堂是一个神圣空间，开放时间有限，大部分人是从外面去看它，体验到的大多是外围空间与周遭绿地的关系。因此，我们的第一个概念就是，把教堂的结构和表皮做一个内外反转，并与东海大学原有建筑梁柱结构系统中的填充清水砖墙系统相结合，加上东海大学位于山上，在校园经常能看到不同高度的建筑、楼梯，上上下下交错其中。于是我们把这些校园的纹理、动线、空间等有趣的特质转化到我们的设计里。

东海湖面上有个喷泉，大型水池做喷泉除了让水质更好之外，还可让周边的房屋富含更多的负氧离子，改善空气质量。这个地方非常安静，看着随风起舞的草地，听着水喷到空中再落下来的声音，无比诗意。如何把视觉和听觉体验转化成空间体验，是我们当初在建构美术和音乐两个系馆时重点考虑的因素。

在学校整体经费和预算做了修正之后，第一期的房子是这个样子的：美术系馆的部分工房被埋在土里，形成一个半地下的状态；工房的屋顶上是草地，可以走上来进入二楼。美术系馆和音乐系馆的外形看上去很像，两者几乎是轴反对称状态，这是我们刻意营造的效果。不过，两者的体量并非全然相同，而是在音乐和美术原本一体两面的概念下，建构出外表看似相似，但内部空间、配置以及表现手法完全不同的建筑。两系馆之间的连接是两道格子梁构造的墙壁走廊，上有植草，并暗示教堂内构外翻，还呼应着东海湖的轴线，将两个系的开放空间串联起来。建造的时候，关于两个系馆之间的距离发生了有趣的争辩：我们希望越近越好。因为开放空间距离越近，两个系所产生的张力、空间感和景观会越有趣，这是我们想要的效果。但是双方的老师们都认为两栋建筑之间的距离应该越远越好。美术和音乐系的师生就像两片磁铁，同性相斥，不肯在一起。美术系学生觉得音乐系的练习声音会吵到他们，音乐系学生则认为美术系非常脏乱，每天制造

东海大学音美馆中光影的变化

很多废弃物，两者基本上是水火不容的状态。

为什么我们坚持越近越好？因为我们希望它们中间是一个廊道，当两系的相互影响达到一定程度时，二层开始有一些景观廊道出现，不同的内院出现在不同楼层。另外一个好处是，我们可以把旁边更多的空地留给下一期的建筑计划使用。我们希望建筑在牧场绿地上，低低地和地景结合。两道格子墙之间的景观走廊，与系馆中间公共区域的桥梁，合在一起就是串联两系的"Z"字形公共走廊。虽然其一边属于音乐系，一边属于美术系，但是对于空间操作来讲，它是全然公用的。

美术系的造型曲面下方配置美术系图书馆和大型展览艺廊及评图教室，造型简单的音乐系琴房则成为它的背景。大型展览艺廊及评图教室朝北，两侧有开窗。建筑配置上美术系朝北，音乐系朝南。这是因为要满足画室北向采光的需求，而音乐系是个"声音的盒子"，南面有较多的开放空间可做户外表演。

建筑的所有动线都属于中间景观轴线的一部分，垂直动线亦然。音乐系馆上层形成了一个空中合院，通道和楼梯统一形态，穿梭在整个体量中。站在音乐系的开放空间走廊上，可以看到东海湖。白天与夜晚，这个独栋建筑的表情全然不同，透过独奏厅舞台后方的大型玻璃窗，室外美景成为表演舞台最好的背景。

值得一提的是，整个项目的预算非常低，盖的时候造价是每一坪新台币5万左右，这也是本案最大的挑战。

纽约商业公寓住宅（2010）

我和搭档在纽约建了一座商业建筑。这是一栋小型公寓住宅，基地位于95街百老汇大道。这次的立面设计是我们过去谈的渐变或动态设计概念的延续。因内部空间配置的差异，我们在立面设计上做了一些造型变化。如外挂的穿孔金属板的孔洞，从繁多渐变到稀疏；从一侧的大开孔，慢慢缩到另一侧的小开孔。仅仅使阳台外饰面变化，就能使建筑拥有流动的感觉。金属板的洞口设计也呼应了住宅空间的公共和私密特性，私密空间的金属板开洞稀疏，而到了开放的阳台空间，金属板的孔洞慢慢增多。到了夜间，在住户灯光的作用下，向外也会展现一种光影的表演。

纽约商业公寓住宅立面材料细部

纽约商业公寓住宅入口

纽约商业公寓住宅立面

纽约商业公寓住宅街景

私立元智大学远传电通大楼（2008）

2008 年的这个案子挑战比较大，我们参加了一个接近十万平方米的校舍项目竞图，它就是台湾桃园县中坜市的元智大学。元智大学董事长徐旭东非常喜欢亲水建筑，曾邀请很多建筑师在不同年代做了各种各样的建筑。校园中的大部分建筑都是姚仁喜先生创作的。徐董希望学校建筑园风格维持一定简单的语汇，全部用清水混凝土打造校园。每一栋楼都用数字编号，有点像美国的麻省理工学院，如五馆是图书馆，六馆是管理学院和校长、老师的办公室，两栋建筑都是姚先生设计的。用清水混凝土来打造大型的建筑物，是个非常大的挑战。由于大量使用单一的材料，如果设计得不好，建筑就会变得很呆板、很无趣。

我们所做的七馆设计，基地条件并不好。基地正面道路向东，在冬季，校园所在位置有很强劲的东北季风，对学生上课的影响很大。建筑既要面对东面校园次轴线，又要想办法躲避季风，这是当时设计上的又一大挑战。所幸，基地的西南方向还有一个小型的"口袋"公园，西向背立面临环校服务车道。建筑与小公园为伴，将有机会塑造很好的微环境，对夏天的建筑内温度调节很有帮助。

总而言之，我们面临两大挑战，第一是如何在十万平方米用单一材料清水混凝土来构筑大型建筑，第二是规避季风对校园建筑设计的负面影响。基地可建范围非常有限，因为小型校园的每一块地，都需要为未来开发其他校舍作预留。换言之，这个基地不允许我们提更多水平延伸扩展的要求，如是能否压低建筑并扩大占地面积，使得建筑更人性化一点。也就是说，规定的建筑用地界限是无法打破、扩充的。

对于外部环境，我们主要关注的是微气候和开放空间的设计。在基地上，冬季气候对于空间感知非常不利，因此我们不能做太多开放式的设计。这和东海大学全然不同。东海大学的音美馆倾向于对周围环境呈开放的姿态，所有的走廊、公共空间都尽可能拥抱外部环境。但在元智大学，这种景观策略是无法实现的。冬天，校园内的开放空间变得不再宜人，令人无法使用，但我们又不能做一个封闭的黑盒子，把所有的行为活动全部关在建筑里面；再者，校方也没有那么多的预算来让我们做双层表皮建筑——如果玻璃外层与实墙内层相结合，既可以把光线带进来，减少室内的封闭感，同时也避免了季风带来的不利因素。

所以，在这次设计过程中，我们做了几个决定，希望建筑本身达到教室使用的要求，同时又能够创造很多开放空间，并且不是以切蛋糕的方式做设计。为什么不要切蛋糕的方式？假如建筑开放到一定程度，我们通常做的是在里面切项目，就是大家把量度结构配置好、把空间模具配置好以后，开始分配每个地方的需求，比如分配一个别墅。我们一开始就反对这种方式，所以在做草模的时候想到了乐高积木。所有同事一开始先把项目基地做成一个体量，赋予基地平面应有的空间大小，然后一层层慢慢地堆栈它，堆到最后形成一个盒子。按以往的逻辑，教学楼的纵向空间分配与一个学院内的行政等级高低是挂钩的，很多顶层空间因为光线好、环境好、噪音少，通常是给院长和主管部门使用的。但是在堆栈过程中，我们思考了不同的空间配比方式，做了与过去不同的设计。

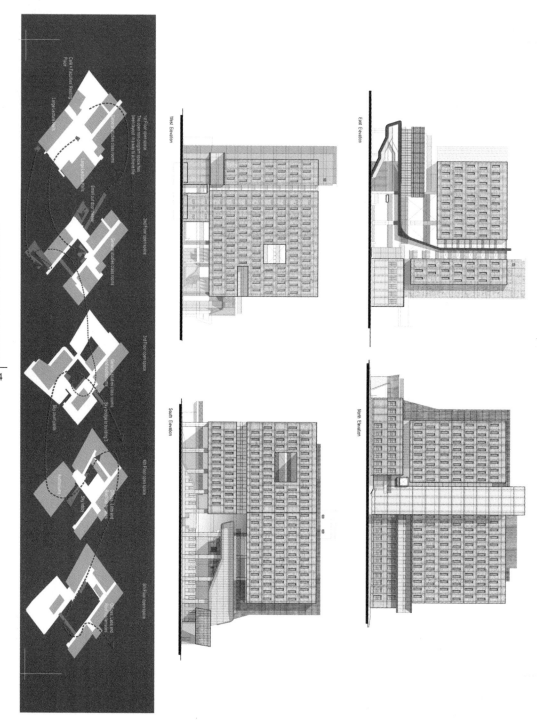

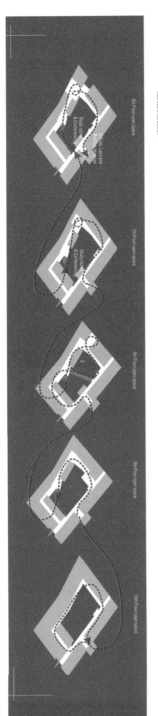

West-East Cross Section

8th Floor open space

Study room, Labs and & Conference spaces

Study room, Labs and & Conference spaces

7th Floor open space

8th Floor open space

9th Floor open space

10th Floor open space

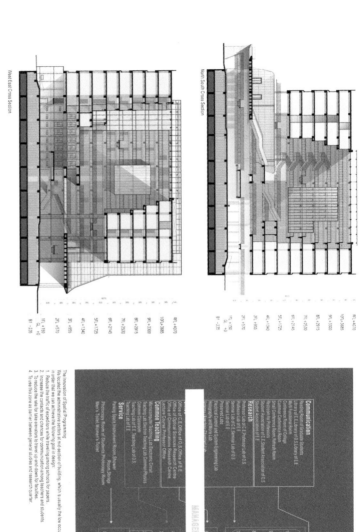

North-South Cross Section

杨家凯

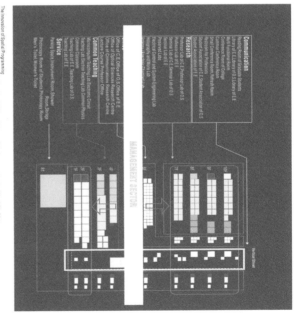

The innovation of Spatial Programming

We located the administrative sectors at mid-section of building, which is usually the low occupancy rate within a tall building in order that we can achieve the following goal in design:

1. Reduce the traffic of co-residence while traveling among schools for papers
2. Increase the contacts and chances for communication among teachers and students
3. To reduce the gale for take elevators to travel up-and-down for faculties.
4. To use this zone as barrier between general studies and research quarter.

Communication

Service

Common Teaching

Research

MANAGEMENT SECTOR

Vertical Street

远传电通大楼立面图、剖面图、平面动线图

在这个案子里，由于空间分配的关系，我们没有办法把主管部门的空间放在最上层。因为光电和电机系有非常多的研究生，研究生对实验空间的需求量很大，所以这个空间的上半部分需要分配给研究所的学生，研究所的教授和老师每人会有一间实验室与办公室；下面一半的空间供普通大学生上课使用；介于中间的则是主管单位和办公室。这符合我们的一个逻辑概念：地下几层是地景的堆栈，创造出一个梯田式的室内中庭，中间的管理阶层如同一个调节角色，处在研究与一般教学之间。同时，教师要站在第一线与同学们面对面地讨论与研究，因此上层空间还设有可供交流讨论的大广场。这是我们设想的第一点。

第二点是我们不希望做成酒店式挑空中庭建筑。所谓挑空中庭，就是我们在一些酒店中经常能看到的，建筑中间有很大的挑空，配以观景电梯。实际上，这是将空间围合起来之后再创造出大型的开放空间，以避免恶劣气候的影响。虽然新建的教学楼只有十层，并不是很高，但从我们的经验来看，五层、六层楼以上的人们基本不愿意停留在走廊上。越高楼层的走廊，除非用玻璃把它隔离起来，否则大部分人都不会愿意站在走廊边缘。

我们希望在这么紧张的空间里，所有虚空间都能作为立体学习的街道。因此，我们创造了众多的虚空间，就像建筑内部的地景，除了提供活动场所之外，也可以让光线最有效地进入内部，因为虚空间的形式考虑到了光线的走向。我们做了一个模型，希望内部空间可以层层堆栈，再将配置分组形成实空间，并在实空间之余创造出一个有趣的虚空间。

这个建筑中最抢眼的是缎带混凝土的造型，它好像在带领我们做折返游戏。事实上，它是从地面层开始连接三、四楼的国际会议厅的服务设施，最主要的功能是为了挡住东北季风。我们希望翼墙伸得越长越好，以制造一个风的阴影区。

沿着建筑西侧湖边，我们计划在第二期设计一个动线，将湖边景观与建筑连接起来。系馆可视为一个连续立体堆栈的学习街道，逐层往上爬，变成一个互动空间的延伸，成为学习和交流的俱乐部。因为这个学校的校园没有太多开放空间，面积也比较小，我们希望这个房子盖完之后，除了正常的教学使用之外，整个建筑更像一个垂直的街道。这里的空间是逐层堆栈起来的，从平面图上的色块来看，我们可以看到白色部分为走廊，灰色部分是开放空间。十个楼层所有的平面图，

<table>
</table>

远传电通大楼东南方向远景　　　　远传电通大楼半室外活动空间

除了上层研究院的空间形式相同外，下面每层的空间配置都是不一样的。以这样的方式来看，各个不同的白色开放空间堆栈在一起，室内的开放空间本身就变成一种有趣的空间体验。

这个建筑从外部看就像一个盒子，但内部空间极具张力。所以，这个案子的真正精彩之处不在国际会议厅外部体量的造型，而是室内空间的表情。除此之外，我们希望构建的是一个可以适应多重管理需求的动线系统。以往的研究生可能被要求按时离开实验室，因为实验室里有很多较为贵重的科学仪器，所以在一定楼层上需要进行管制；但同时，很多国际会议和研讨会在礼拜六、礼拜天或者晚上进行，有一部分外校人员将进出系馆大楼。因此，我们需要把教学和会议的体量分开，使得实验室的使用时间不受影响。我们做了一个带状的空间把绿化带延伸进来，使得西南部分成为一个舒服角，不受季节影响，冬天的这里是一个非常棒的空间。国际演讲会议厅下面有很多的开放空间，可以在冬天提供合宜的半室外活动空间。

整幢大楼主要以预制清水混凝土和厂筑清水混凝土打造，我们的策略是以不同的工法去切割十万平方米的巨大体量，以不同的混凝土工法因应不同的空间特质。预制板可以非常有效地解决这个案子的预算和施工时间限制，因此大部分外墙都是用预制混凝土板筑成。我们只在特定的区域使用手造，把混凝土的视觉厚

远传电通大楼室内景观

度压缩，让混凝土看起来像纸一样薄。机械制造和手造的差异，是这个案子中混凝土的不同语汇表达。

演讲厅外的附属楼梯旁边有开放空间被延伸。由于结构关系，楼梯上的翼墙只能用 GRC[1] 浇筑，因为用 RC[2] 灌到那么长，构造本身的费用就变得特别巨大。因此这个案子有三种不同工法：厂筑清水混凝土板、预制清水混凝土板、翼墙使用的 GRC，它们共同创造出主要外观为清水混凝土的十万平方米建筑。有趣的是，三种不同的工法有三种不同的建筑表情和语汇，从而使得建筑空间变得有趣，厚重的混凝土甚至会产生像纸一样轻薄的视觉感受。

因为地景关系层层堆栈，建筑内部空间非常漂亮生动，有六层楼高的独立柱

[1] GRC：玻璃纤维增强水泥（Glass-fiber Reinforced Composite）。
[2] RC：钢筋混凝土（Reinforced Concrete）。

和穿梭的动线。这样的空间使得在五层楼以下的老师和学生都很愿意走楼梯，因为整个空间是一个非常有趣的生活学习舞台。院系方面希望公共空间内有大型投影幕墙，以作公共教育使用。由于每个楼层的功能不同，楼梯衔接处的空间也在变换，例如某些楼梯走到五楼就会转换到公共空间，再由公共空间的另一个楼梯进入六层以上。这样，建筑内的一些空间借助楼梯的转换可以保证其私密性。

最后真正达到的是从上往下层层堆栈的效果。桥梁、楼梯、平台，都提供给学生驻足的可能性，也是内部景观非常重要的组成部分。换言之，这个建筑希望打破所有的界线，让大家可以在教室之外的地方交流互动。我们反对只把教学空间当作最主要的设计空间，其实走廊才是最棒的空间。

我教授建筑课程的时候，很不喜欢在教室里上课，学生们也比较喜欢半开放的空间。其实，简单的技术就可以让走廊变成可供教学使用的学习空间。我们在博物馆里也常做这种事情，如在走道装一些喇叭或屏幕，使大家聚集在一起听演

远传电通大楼起伏的空间

讲、做交流。现在技术更新得很快，非常容易满足授课空间的要求。

从某种程度上来说，远传电通大楼的整个建筑设计就是一个生活剧场，在未来也可以被很便捷地改造成一个学习剧场。

台中文化创意园区 R04 馆复建工程（2010）

尽管我们事务所在台北市，但我们有很多的案子位于台中市，也许是因为我们于 2000 年做了台湾美术馆的复建工程。接下来跟大家分享的另一个有趣的案子是台中文化创意园区的复建工程。

这是一个废旧啤酒厂转化成文化创意园区的案子。这个园区里的每座大大小小不等的建筑和厂房都有不同的编号。啤酒厂区内的有些房子是不能拆的建筑古迹，有些房子是可拆的工厂建筑。尽管我们的基地不是古迹，可以拆除，但是我们强烈建议将它保留下来。这里早期是一座生产啤酒的工厂，有将近一百年的历史。它有一座两层楼高、造型非常简单的厂房；厂房内留有一些旧时的机具，厂房外面有停车场。这个基地的东边有一个大型的开放空间；南边有一条合作街，还有一个漂亮的小合作公园。厂房过去是洗瓶和装瓶的空间：啤酒喝完之后，酒瓶被运送到这里，经简单的洗涤、装瓶，再运送出去。可以说，这里是一瓶啤酒开始和结束的地方。当初设计这个案子时，我们希望这些空间能够被转化到新的空间里。我们的设想是：未来建成的建筑就像一个绿带，但重点不在于绿，而是扮演一个类似桥梁和脐带的角色，将园区内的开放空间和旁边的口袋公园相连接。

建筑的初始计划为台中市城市愿景馆，我们将"瓶中船"作为建筑概念，希望未来城市发展得越来越好。这仅仅是一个物体引发的想象。我们计划把新盖的建筑放在旧建筑之内，唯一和地面接触的就是一座小小的楼梯，好似漂浮在地景之上。拾阶而上，人们可以到达不同的展览室。但我们想创造的不只是一个瓶子，也不单是一艘船。我们想做的是瓶子里的船，希望船和瓶子一起组合成一个连续的主体，而且不单单是建筑的主体，同时也是建筑的屋顶。我们想把原本的厂房空间转变成展览空间，把原本的厂房屋顶和外面的临时棚架转变成形似中国式屋

文化创意园区 R04 馆外部

顶反转过来的有空间深度的屋顶空间，但是它不碰到地面，而是漂浮在这里面。

　　整个建筑是一个玻璃体量，它有双层墙壁，主要是钢构，外面的双层外皮是用金属网制成的，内层则为玻璃。从概念模型可以看到，我们做的是一个连续的空间，粗看像方盒子，但细看就会发现，里外空间是一体的两面。像口吹玻璃一样，里层和外层的材料其实都是由一块玻璃液体形成的。

　　我们创造出一个体量，这个体量不是被塞在旧建筑里，而是尽量与外墙有一种形变的可能性。巨大的屋顶在原来的停车场上部，创造出一个内部实际悬

文化创意园区 R04 馆内部

文化创意园区 R04 馆内部

壁 15 米，加内外墙之间空隙 2 米，总共接近 17 米的悬挑。它离地挑高约 8 米，面对公园，形成一条没有阻挡的动线，连接园区内部主要轴线和外部的"口袋"公园。

这个案子的剖面变化非常丰富，我们做了非常多的剖面研究，力图让整个空间生动。目前我们已经完成了主结构所有的设计和建制，只差构建配型，整个空间就完成了。

这个建筑体量非常巨大，接近一个城市公共建筑的尺度，里面可以容纳各种大型活动。沿着楼梯往上，有不同的动线和空间。上层是演讲厅和不同的展览室。

我们把过去的廊道转变成一条逃生动线，在演讲厅旁边变成一条坡道，慢慢爬上来，绕着演讲厅外围走一圈。当动线绕体量一周后，在不同位置设有不同的出口，门打开，便通往室外开放空间。

私人美术馆（2009）

从私人美术馆这个案子，我们学习到了一些有趣的建筑材料工法。这次的设计是对业主而言非常重要的一座老房子，正因如此，业主希望这座老房子是新设计的出发点。所以，此次建筑的重点在于，如何在旧房与新屋之间建立最紧密的联系。

案子基地在宜兰。我们的设计概念是从剖面出发，在新建筑核心处创造一个可以与旧建筑相呼应的虚空间。虚空间的轮廓也暗示了支撑整个建筑并向上提升的巨大力量，让整体建筑有一种漂浮的感觉。除了虚空间之外，一楼整体都是水平延伸的压缩空间；二楼是演讲厅，主要特色是舞台后方的观景窗户，正对着老房子；其余都是展示空间。

整个案子都在演绎新旧建筑之间的关系。旧建筑是一间非常普通的老房子，由木头和屋瓦建成，维护工作做得很不错。旧房子通常无法做到完全砌密，屋瓦和木头之间总有些许缝隙。雨水不会漏进来，但是热气从屋顶上方飘出。老房子

私人美术馆与周围环境融为一体

私人美术馆墙面的细部

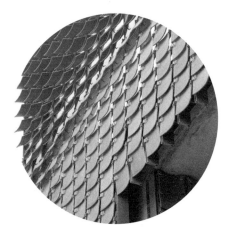

私人美术馆屋瓦的细部

私人美术馆外观

私人美术馆立面局部

私人美术馆局部

可以自行散热，这让我们感觉非常有趣。

把屋瓦转换成新建筑的外皮材料，不是为了空气的交换，而是考虑到光线的变换。整个新建筑的立面是由瓦片建构起来的，变成建筑的第二层外皮。我们做了一些研究，希望瓦片可以变成另外一种皮层，即通过改变屋瓦的角度，让光线有一个被控制的机会。这些瓦片通过夹子结合在一起，形成一道幕墙，可在不同位置以不同角度打开或关上。这是一个参数化设计的结果。根据内部光线的需求控制瓦片，将外部光线带进演讲厅，让演讲厅可以和旧房子真正在感觉上串联在一起。

旧房子、开放空间、建构的新房子——新旧之间，呈现出十分有趣的融合。旧屋顶和新建筑有着对应的关系，其材料包括清水砖墙、耐候钢和瓦片等，体现出充分使用材料特质来使新旧建筑进行视觉沟通的特征。

此建筑背对马路，我们建构出了一面没有表情的墙壁，因为建筑的后半部分都是展览的空间，不需要太多自然光进入。唯一例外的是厕所旁边的开窗，以及上半部太阳能发电的场域。业主希望把太阳能发电和建筑相结合，因此我们将太阳能板和立体清水砖工法结合在一起，建构出一个现代和传统融合的空间。

台中台湾美术馆整（复）建工程（2000—2004）

　　2000年到2004年我们参与了台中地区的台湾美术馆整（复）建工程。原来的美术馆是一个体量巨大的文化机构，内部虚空间高达20米。整建之前的美术馆被塑造成一个保存与展示文化资产的殿堂，但因其宏伟和庄严的空间尺度，以及较少的室内灯光设计，人们进入建筑后感觉非常压抑。相较于美术馆里的阴暗，馆外则围绕着一座非常漂亮的雕塑公园，环境显得格外优美。另外，人们在80年代设计美术馆时有一个美好的想法，就是将美术馆和商业街的形式相结合，以至于这座建筑有两个开口，连接着一个个小展览空间。这同时也是一个很好的创新，

台湾美术馆正门

台湾美术馆 "光盒"

把过去美术馆固有的形式做了改变，但我们也碰到非常大的问题，就是美术馆的管理。

当美术馆作为独立画廊使用时，不用进行系统化管理，也不用收门票，但当它作为经营性质的美术馆的时候，管理就是一大挑战。如果这个美术馆不止有一层楼，那么就有无数多的垂直动线需要设计者去建构。

整个建筑是在1980年代建构的，是亚洲最大的美术馆之一，但它在蔡国强1998年"不破不立"的引爆展览之后就宣告暂时关闭，等待重整。尽管在1999年经历过"9·21大地震"，但整个建筑的结构并没有受损，室内装修也没有损坏。整个房子的结构非常好，真正需要大改造的是建筑的空间使用系统。这也是当时

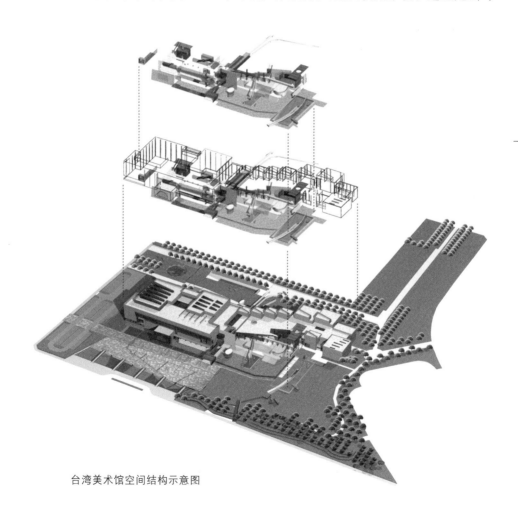

台湾美术馆空间结构示意图

我们参加复建时所参考的最重要的改造依据。

因此，在复建的时候，我们整个团队达成共识：不把整个工程定义为室内建筑，而是一座美术馆基础架构的重整。也因此，我们把主要的预算拿去重整建筑的动线组织架构，而非室内装修。这个举措在当时引起了非常大的争议。其实，我们事务所做很多案子时都在面对异议、解决异议，到现在我们还是在继续做这件事情。当时我们的预算使用方向和业主给的预算要求并不相同，但我们坚持主要的预算应该用于空间架构而不是室内材料的改造。我们认为，只要把动线、空间架构整理好，在未来有钱的时候可以随时重新做室内装修。博物馆其实就像剧场一样，每天都要进行改造，因为每个新展览都要预留一到两周时间做策展，大部分策展都要重新做室内布局与装饰。

美术馆的基地在台中市绿带周边范围内，附近有一片高档住宅区域，绿带向南延伸到中兴大学。美术馆位于这个绿带西边的美术公园里，几乎占据了整个公园的用地。从东到西 240 米，这个长度基本上是一条都市街道的尺度。由此可见这个美术馆的跨度非常大。接到这个项目的时候是在 2000 年。现在每个人都有手机，但十几年前却不见得如此。当时假设父母带小孩去公园玩，小孩不小心走丢了，父母大概没太多机会找到他，因为在这么巨大的空间里找人是很困难的事情。台湾大部分公共建筑都盖在公园里，占据了公园的核心空间，几乎大部分的美术馆、博物馆都是如此，但这也产生了很大的弊病。由于这些公共建筑并不是每天都对外开放，所以在公园这种开放的娱乐休闲空间里，会出现一个相对封闭的空间。正因为如此，我们希望去修正封闭的空间——把绿带过渡到美术馆里。

在美术馆里，我们找到一个人们使用率最低的区域，建一座桥从建筑中穿过去，创造出一条过渡通道。在任何时刻，人们都可以经过绿带从北到南以最短的距离穿越美术馆。与此同时，穿越建筑时可以窥见建筑内部的活动。我们当时想象的画面是早上晨练的人跑到美术馆里买杯咖啡，再跑出来。美术馆实际变成生活的一部分，而不仅仅作为文化场所空间。我们设计的重心就落在这件事情上。

我们在馆内与公园之间，配置巨型的下凹，让美术馆里面的空间和展览厅延伸到户外，使人们任何时间都可以进入到美术馆里的餐厅和部分展览厅。我们将美术馆的门厅也改变了，并把门和桥相结合，使人们在 240 米的中间位置而

台湾美术馆下沉庭院

台湾美术馆庭院

台湾美术馆大门

台湾美术馆南入口

不是从两端端点进馆，也使这里变成了一个一个似门非门、像地景又不像地景的空间。这个美术馆使用频率最高的时间段是下午两点到六点，而每个人平均只会花三个小时在美术馆里参观。在如此短的时间内，要走完240米，从一个端点走到另一个端点，看完展览再走240米回入口处，将是个很大的挑战。所以，我们把动线重新整理：入口大门左边是专业美术馆，主要是常设展与大型特展室；右边是生活美术馆，主要是工业设计、家居设计和一些开放性的展览。做了区分之后，观众看展览就可以做个选择，从而目标明确地各取所需。

由于法规的改变，整建开始先进行结构补强，里面增加了很多钢构。台湾自"9·21大地震"后，规定建筑的抗震系数要比原先增加一级，尽管整个房子的结构没有坏，但也要加强结构，增加建筑的抗震系数，以达到法规要求。

原本美术馆入口有三层高的挑空空间，我们在天井的位置做了一个"光盒"，让光线可以慢慢进入。原先的建筑在20米高的屋顶处开了天窗，光线直接照进室内，和其他高大幽深的空间产生了一种明暗关系的大反差，这也是我们一开始走进美术馆时感觉最不舒服的地方。为了对美术馆光线进行控制，以前馆方在屋顶天窗处用一块布进行遮挡，以解决明暗反差过大的问题。但到最后人们发现，天窗大部分都被盖了起来，最初设计的天窗其实没有发挥作用。我们希望自然光可以进到建筑空间中，使大家都能发现建筑内有个大的天窗，但强烈的自然光需要被过滤掉一部分，于是我们使它漂浮在2.4米左右的高度上。我们刻意做到2.4米，是为了建造出一个门的高度，创造一个压迫的空间，而这个空间旁边是重要的展览空间。这个光盒的四周墙壁陈列了台湾最具代表性的前辈艺术家肖像，以此作为艺术传承的时光隐喻。

我们也做了美术馆内礼品店和数字艺廊的设计。前者的设计概念是以"漂流"创造一个消费的地景；后者位于礼品店二楼，延续地景的概念，作为馆藏数字作品展演的空间。

整复建之后，美术馆四周的公园在夜间也变成了居民休闲生活的一部分。美术本身则馆成为自然与人为、生活与艺术交织的场域。

我的演讲就到这里，谢谢各位！

问答部分

Q1：杨老师您好，您设计了很多公共建筑，在大陆这边公共建筑的后期维护是非常费钱的，需要政府补贴大量资金来维持。我想知道台湾地区是如何解决后期维护费用的？是不是在前期的设计里就安排了一些相应的功能，以保证后期可以正常运营，而不需要政府后期太多的投入？谢谢！

杨家凯：这是一个很好的问题，维护管理是建筑设计里最大的课题和挑战之一。在台湾地区也不例外。

在建筑建造的挑战日益增加的大环境下，维护与管理这件事变得越来越严肃，也越来越难解决。它甚至变成限制设计的最大问题。所有设计方案到最后，问业主喜不喜欢，只要业主和你讲这个设计无法达到持续运营的要求，这个设计就很难成立，所以你要证明这是可持续的设计。

我不知道今天有多少人是学设计的，但在这里我要先讲一件事情：我鼓励所有年轻人参与公共空间的改造，不管你有没有工作经验。当时参加台湾美术馆竞图时，我们组了一个团队去参加，竞图是极度理想化的，没有太多考虑日后维护管理怎么办。但是，在十几年后的今天，不管多少人对这个案子做课题研究，或者在各种场合谈到这个建筑，不敢说是 100% 的赞扬，但 80%、90% 的态度是极度正面的。假如过去把大部分经费做了室内装修改造，想象它是一个很棒的百货公司，把内部装修做到当时最流行的风格，但在十几年后的今天，美术馆的内部装修还可以继续保持那个风格吗？当然不可能。因为潮流会褪去，需求也会随时间改变。

美术馆中的很多展览要做装修，内部空间一直在变化。所以，我们为这个美术馆提供一个非常有趣的生长架构，整个公共支出变成文化建设的一部分，就会有固定的资金来支撑这个领域。

一所房子到底需要多少钱来修建和维护？以现代建造技术来讲，房子建成之后，结构并不会很快就损毁，真正要保持的是空调、设备、安保等经常性的支出。有趣的是，当时我们有了这个非常理想性的架构，整个美术馆就真的根据我们的架构建立起来了，最初的空间整合的确是投资了非常多的钱，但之后每次改造都是利用展览向前增进一点点。这个生长策略不会改变美术馆的原型，同时也是室内设计很难控制的。

当把都市架构、建筑架构做对，把思维投射到空间以后，建筑自身就很难往坏的方向发展了。改变美术馆本身的重心是件很困难的事情，正因此，在这样的架构下，反而有很多私人企业进入美术馆经营餐厅和书店。它成了一个有机体，提供了许多机会，让外人进来共同参与。有些东西经过时间的变迁会变坏，但也有些东西可以保存得很好。2000 年纽约，MoMA 也放电影，也有书店、设计商店等，现在也发展了在线商品的销售渠道。可以看得出来，MoMA 的主要资金来源不是门票，而是这些文化创意产业的附加价值。生活形态在改变，美术馆在都市里扮演的角色也一直在变。所以，我们认为，当一个空间真正有用时，维护管理就不成问题；当一个空间开始闲置时，所有问题都随之而来。

参与公共项目改造的过程是非常辛苦和极具挑战性的，但是我鼓励所有年轻人积极参与。因为这是一个非常棒的机会，让你的作品直接和所有大众面对面。这和室内设计不太一样，它会有更多社会性思考在里面，承担更多的社会责任，面对更多的挑战。所以我认为，所有年轻人只要有机会，都应该大量参与公共空间的改造，成为改变社会的重要力量。而改造最困难的问题是：你自己如何保有理想？这是值得思考的问题。理想常常会被消磨在经验中，你越有经验，可能理想就越少，这是非常危险的事情。假如设计本身只是将建筑变成形式创造，那所有问题就都随之而来了。

Q2：这个问题是关于设计与环境的。我发现国内的一些设计，有些虽然非常漂亮，但是和环境有很大差异。比如海滨城市，平均风力很大，尤其是冬天时，设计师可能并没有考虑这个问题。我想问的是，在协调环境和整个设计过程当中，最大的困难是什么？

杨家凯：这个问题也非常重要。环境就是空间的延伸，反过来，空间是都市、自然环境的延伸。从一个最小的家具到房间、建筑、城市，它们之间都是有关联的。但是这个关联如何实现，是最大的问题。

每个地方有不同的气候，北京、上海、广东、台湾、纽约都有各自的气候。气候条件不一样，也会形成不同的建筑形态。大家都知道纯玻璃盒子并不是那么绿色环保，但这不表示你不能盖玻璃盒子，而是要在适当的位置选择适当的材料，建构出建筑应有的理想形态。

在整个设计过程中，建筑和环境的融合是在设计第一阶段就要做决定的。在海边的房子我喜欢用玻璃，但是也不能因为我喜欢就全用玻璃。每一个案子要针对环境因素做一个全局判断。对比是一种语汇，融合也是一种语汇，永远不要说对比是错的或对的。条件不同，你的策略也应该不同。

就像美术馆这个案子，原本的建筑非常封闭，是一个巨大而笨重的体量，于是我们植入了非常多轻巧的空间，试图让"轻"成为美术馆厚重空间里非常重要的改变力量。

在宜兰私人美术馆的案子里，业主提到他对这个房子很在意，尽管这个房子不大。但是每个建筑，不管是私人还是公共的，它对于当地人一定有不同的意义。我们建筑师会看他们在想什么，但也需要有自己的判断。我们觉得这个房子是他的老家，对他很重要，想让它保存下来，所以我们会思考新盖的美术馆如何与他老家的地景巧妙地结合在一起，这样才有可能创造一个很棒的建筑。但是你会发现，这个案子与台中的台湾台湾美术馆，我们选择了完全不一样的策略和材料，也产生了不同的效果。

Q3：您的建筑比较具有趣味性，我特别喜欢东海大学美术系和音乐系大楼的设计，尤其是里面还有一个半地下室的部分。我想知道，建地下室和阶梯的灵感来源于哪？

杨家凯：我原本计划做一个和大地完全结合的地毯式建筑，因为基地高低差的关系，引出二楼的水平面时，某些空间会藏在地下，有些空间又是正常的二楼外观，所以那个所谓的"半地下室"实际上是由于基地的高低差而产生的。那是一个工房，考虑到噪音问题，而且有些美术工房不见得一定需要光线，我们希望工房比较像地景建筑，和教室中间有一个中庭空间，可以作为师生上课的地方。

在那个案子中，我们的策略是在未来利用这个结构继续"长"出去。换言之，在旁边再盖房子的时候，它非常易配合做改变。这样做是因为我们预测这个基地会"生长"。但是什么时候生长，什么时候增建，我们并不知道。不过一旦这个架构存在，未来不管盖什么房子，它的整体结构都是统一的。有了结构存在，在空间上它就不会被人觉得是 30 年代、50 年代盖的，因为每个时代的建筑形式与结构不同，完全不能放在一起。我们当时预想：不管未来几年之后再扩建，这个架构做的是最容易拓展的形式，随时都可以被延续。所以，在做建筑设计时，某种程度上重点不在体量，而在于结构的拓展性。

Q4：杨老师好，很谢谢您带来了这么精彩的演讲。有的建筑师一直在用同一种材料做不同的东西，但是您对于材料的选择是十分丰富的，同时您在空间上把外部空间带入内部空间，您这些做法中有没有一些自己的原则和取向？您的作品中有很多精彩之处，有没有设想时很好，但房子建起来却没有想的那么好的情况？

杨家凯：诚实地说，我们的案子里有非常多的地方都不能令我满意。有时我们努力了，但问题总是会出现。毕业没多久之后，我和搭档一起讨论未来想要做什么。讨论的起因是我们两个要一起参加一次竞图，就在想竞图要如何设计、如何才能赢，以及最终的表现手法。表现手法不是说选择这个方式、这个风格，它其实是后半段的成果展示性问题，但开始时便要问一个问题，你如何去展现？这件事情对我们来讲非常严肃。从简单的一个竞图开始，我们开始问问题：我们到底相信什么？我们为什么做这个建筑？从那个时候起，我们就开始对建筑进行这样的探讨，慢慢形成了问问题的习惯。我觉得这是非常好的。

为什么要鼓励各位参与公共设计和辩论？我曾经一个人在一个七八百人的小学体育馆内和居民争辩。居民认为你要改变他们的环境，这时你必须站在那样的场合，勇者无惧地去谈这件事情，背后支撑的力量就是你对建筑的信仰。你对建筑的信仰是什么？你对开放空间的信仰是什么？这件事值得大家考虑。一旦参与公共事务，你就一定要面对并思考这件事情，并为这个信仰去争论和奋斗。在这个过程中，你所做的很多事情需要及时修正，要不断地问自己在做什么。

我们一直很喜欢纯粹的材料，因为它可以直接反映工法、反映样态。基地对我们所有的建筑设计有着非常大且至关重要的推动作用，在建筑和基地之间建构起一种非常紧密的关系，是我们一直努力追求的目标。这些想法，包括我们设计的是虚空间而非实空间，在我们接手的第一个案子时就开始形成了。我们的项目，设计内部多于外部，我们会从剖面和内部空间开始想，而不是从平面、外面的造型出发。体量和材料，是需求反映的最后结果。可量与不可量，这两者之间的对话、平衡一直在建筑中持续。建筑一直在变，知识、技术、工法也一直在变，但是有些东西永恒不变，那就是我们的体验和文化资产，以及个人的资质。你一旦相信某件事情，有些东西就不会改变，不管你是否选了不同的材料、用了不同的结构。

Q5：杨老师您好，我们在建筑改造的过程中，有时业主会提出改变建筑属性的要求。像这样的项目，我们应该怎么做？比如说把工厂改造成娱乐城，这是一个很可观的项目。对于您来说，有哪些思考方式？

杨家凯：把工厂改造成娱乐城，我认为是有机会做的。这个原则和我刚刚提的改造美术馆的案子有些类似。它既是一个休闲空间，也是商业空间、餐厅……它有很多不同的可能性。设计的过程中如果大量依赖计算机荧幕、没有比例的图纸或是某种比例的模型，你就很难从室内或室外、地景或建筑，去发现人的存在。用计划解决了所有需求，最后忘记人在哪里。人不在了，这个空间未来的命运就很堪忧。这就是我们刚才提到的，设计要"outside in, inside out"，比如 inside 不是说单从室内进行空间设计，而是以人的观点看这个空间。

如何掌握这一点？也就是说，设计当中真正关心的是什么？我们看到，现在的建筑设计中大量利用计算机动画去展示成果，但是当人不存在的时候，计算机动画就只能是一种平面图示，而不是具有一定体量的可被占据的空间。而对于可被占据的空间，建筑师的思考应非常精准，应关注如何去用这个空间。不管它是过山车还是室内滑水道，都要思考：人怎么在空间里存在？这也是很多建筑师在挑战建筑设计时都要面对的重要问题。

Q6：我想问一个节能环保方面的问题。大陆这边有几大主流：主动控制式的，比如提供一些智能控制设备；还有被动式地使建筑去迎合自然条件。我想知道台湾地区用的主流方式是什么？

杨家凯：节能环保应该是世界潮流，世界都在做节能环保与绿色建筑。我想这件事在台湾和你谈的大陆的情况差不多。真正的差异在于预算，很多预算不能做到完全主动控制，因为智能设备需要一整套系统。当预算没有办法达到要求时，只能做被动式的控制，通过环境和空间的设计关系去达到绿色建筑的目标。我想，不只在本地，全球都要面对同样的问题。我们既要积极面对节能环保的事情，也要权衡法规。每个地方的法规都有底线，希望你更好地了解到这点。

直向实践
—— 董功

董功

　　清华大学建筑学院 1999 年硕士毕业，2001 年美国伊利诺伊大学建筑学院硕士毕业。在美国曾先后在于 Solomon Cordwell Buenz & Associates、Richard Meier & Partners 和 Steven Holl Architects 事务所工作，2008 年于北京创立了直向建筑事务所，成为中国最活跃的青年建筑师之一。曾多次受邀于清华大学、天津大学、东南大学等高校演讲，并任教于清华大学建筑学院。其作品曾先后在国内外重要媒体上发表。事务所及其作品多次获得国内外奖项，包括《建筑实录》（Architecture Record）杂志设计先锋奖（Design Vanguard），蓝图奖（Blueprint Award）最佳公共建筑（私人出资）类别特别推荐奖，亚洲建筑设计大奖（A&D Trophy Award）机构 / 公共类别最佳建筑奖，中国建筑传媒奖（最佳建筑奖入围，最佳青年建筑师入围），WA 中国建筑奖佳作奖，全国优秀工程勘察设计行业奖一等奖等。

　　首先感谢中央美院能给我这个机会，同时感谢雅庄建筑的庄雅典先生邀请我来这里做讲座。中央美院是中国美术界最高学府，我很荣幸。美院也源源不断地给直向建筑事务所输送了非常好的建筑师，也就是我的同事，大家在一起为盖好房子而共同努力。

　　直向建筑事务所成立于 2008 年，实际上到 2013 年的今天也只有 5 年的时间。从一个建筑师的角度来讲，5 年是一个非常短暂的时段，尤其对于刚刚创业的或者说刚刚从事这个行业的建筑师来讲更是如此。我在国外待过相当长的一段时间，也结识了很多朋友。2001 年我从伊利诺伊大学毕业时，有一个好朋友，他是俄裔美国人，他走的是典型美国青年建筑师的道路：毕业之后在非常好的事务所工作，考职业执照；3 年后，大约在 2004—2005 年创立了自己的事务所。直到今天，他有 8 年独立创业的历史。从项目角度讲，他这 8 年里最大的项目之一是芝加哥的私人住宅，其他大部分是室内改造和家具设计。为什么我要说这件事？作为一个在中国从业的青年建筑师，从个人角度来说，我现在最大的感觉就是忙，非常忙。每天都会有各种各样貌似机会的"机会"，但当你真正进入到这个过程，就会发现很多事情非常挣扎、痛苦，常常为了坚持品质或自己的东西而需要争斗。因此，对于一个青年人来讲，在一开始有一段积淀、安静思考的过程，在我看来反而是件好事。所以很难评价中国现在的整个状态对于一个所谓的青年建筑师的影响。当然最终我还是相信，事情取决于人，因为每个人的判断不同，在环境中的选择也会不同。这是作为一个年纪大一点的（比在座学生大一点的）建筑师，给大家的一个参考建议。

建筑，如果你把它看成是一生追求的事业，它会是很漫长的道路。不用着急，一开始都是积累和学习的过程。今天的讲座我会讲直向建筑的一些项目。在介绍这些项目之前，我想先和大家分享一些直向建筑所坚持或者说持续性的思考：

1. 场所 \ 生活 \ 体验 在我看来，这是建筑设计最初的出发点和最终的目的。建筑设计实际上是创造人的生活体验场所。从这个意义来讲，我们现在天天看到的那些光怪陆离的形式、思潮，其终极意义不在于空间、光线，而是人的感受和体验，以及在里面生活的状态。而我们所说的空间、光线、建筑形态等，都是实现这个意义的途径和手段。所以在我看来，这是影响直向建筑每次设计的最关键的一点，即建筑作为一个场所和人的生活的关系。由于建造的行为，人可以体验到他之前体验不到的感受，可以把感受映射到每一个房子里，并创造积极的生活体验。

2. 场地 \ 发现 场地也是我们非常关心的一个因素。每次去看场地的时候，我都有种越来越强烈的感觉，好像这个场地在设计之前本身就存在一些非常特别的东西。你说它是精神也好，是有生命的东西也好，建筑师首先要做的工作是看到它、发现它，通过你的房子和你的设计把它转化成人可以体验到的一种感受。所以我觉得发现比创新、创造更重要。

另外，建筑师要懂得尊重一些客观的东西，这也是直向建筑每次在设计时希望有的一种状态——建筑师要有尊敬、敬畏的态度。当下很多的建筑师——比如说国外一些非常大牌的建筑师在中国做房子的时候——我觉得他们好像缺乏对当地文化、生活的一些尊重，你会发现他们的房子总是飘在天上，把自己的意愿强加在场地和周围的人当中，而不是一种因势利导、顺其自然的态度。

3. 距离　这是我在最近的几个项目里开始感兴趣的一个点。建筑的空间总是有限的，但是从一个大的场地和环境的角度来看，怎么把有限的空间和一个相对无限的环境联系在一起？这是建筑空间能够实现的东西，也是一个非常吸引我的课题。美国六七十年代的一位非常好的装置艺术家麦克·阿舍（Michael Asher）所做的大地装置艺术作品，只用几个简单的动作就在人的建造行为和远处空灵环境之间创造出了一种非常诗意的关系。

4. 生活关系　这是另外一个我们在很多项目当中都非常关注的点。如果把生活理解成由很多明确的功能组成的一个整体的话，那么在建筑里面我们感兴趣的是这些所谓的承载生活功能的单元和单元之间的关系，我把它称为"生活关系"。比如从学校设计的角度解释这件事：如果教室是某种生活单元，那么教室之间如何联系，从一个教室到另外一个教室经历什么空间、遇到什么人，在这个过程里感受到什么样的光线，这些都可以称为"生活关系"。这是我们很多设计的概念切入点。

5. 序列　建筑跟绘画有很大的区别，它不是静止的艺术，人在体验建筑时，建筑空间的更换势必引起人的记忆、感受的累加，空间的序列之间有很微妙的关系。这是我认为体验建筑时的一个很重要的元素——序列。

6. 轻和重　这也是很多建筑师都非常关心的问题，后面我们会结合具体案例来讲。轻和重有时候也会映射天和地的关系。"轻"引申为飘浮、天空，与"向上"关联，而"重"是嵌入、重力意象方面的概念，这两者在建筑体验中非常生动。

7. 光线　我觉得对于建筑来说，光赋予了建筑以生命（当然，这是一种比较极端的说法）。有了光线，一个静止的建筑才会变得灵动，而且会随着时间、季节的变化而发生变化。

8. 构造的逻辑　这是每个项目里都非常重要的一个环节，但是我这里所说的构造不是单纯的物理意义上的构造。就我对构造的理解来说，建筑从概念到落实的每一个环节，应该有个系统控制它。而判断一个构造成立与否或者好坏的标准，是要看它产生的意义，它和建筑的概念之间是什么样的关系，而不是诸如单纯的防水或者两个材料之间怎么交接这个层面的问题。当然，这些实际的问题最终也要解决，但仅仅解决这些于我而言是远远不够的。

对一个建筑的控制，应该从概念一直延伸到最细枝末节的构造，这是一个完整的整体，而不是单纯工程意义上的分阶段的事情。建筑是一个有生命的机体，它的能量会输送到最细微的每一个细节。

刚才这些点，大家细想一下会发现，都是建筑中最基本的元素，也是我经过这几年的实践慢慢感受和总结的经验。我觉得一个感人的建筑还是要回归到这些最核心也最基本的问题上。

万科品牌展示馆

万科地产集团在营口有一个非常大的楼盘，而这个项目是万科进入营口的商业上的第一步。万科集团希望通过这个项目向当地人展示万科的追求和对城市的态度，所以这个项目算是万科在营口的品牌展示馆。

此项目基地在营口鲅鱼圈，2013 年 5 月建设完工。基地位于当地一个非常热闹的地区，相当于北京的王府井。所有外地人去这里都是为了一片海。而如果去看海的话，基地所在的海滨公园是唯一的公园，因此每年夏天这里会有很多人。基地位置还有一个明显的特征：场地非常平坦，几乎没有任何建造行为发生，除了一个硕大的广场和典型的中国式的轴线。我们去视察基地时，这里已经有一个巨大的室外剧场——一个正立的"碗"伸到海里，这是一个非常有气势的中国式的广场。这种设计有时候甚至令人觉得非常荒诞。我们面对的就是这样一片场地——它本来是非常自然的状态，却有一条强烈的人为轴线。

万科品牌展示馆正面及周围环境

　　这么平坦的一片空地上，每年从 4 月到 10 月，都会吸引非常多的游客。我们的建筑应该以什么策略介入这片场地呢？我们的目的是要为到这儿旅游的人，或者在这附近生活的市民，创造一种更积极的人和海的关系。显然，在这个地段里，海是非常重要的元素，因为基地就在海边。而且对于北方人来讲，欣赏这样一片海景是种非常奢侈的体验。

　　由于万科这块地是在公共的城市公园里，所以无论从政府的角度还是从开发商的角度来讲，他们都希望这个建筑表现出一种公共性或开放性。用非常直白的话说，就是开发商希望通过这个建筑表达其与城市的友好姿态，政府则希望这个建筑盖出来以后跟老百姓真的有好的关系，而不仅仅是开发商自己使用的房子。

　　每个项目在开始时，我们都会做很多横向的策略性对比来验证我们找到的那个切入点是否最准确，这是一个必经的过程。慢慢的，我们有了想法。因为这个地方非常平坦，而越是这种场地，对于高度就越敏感，况且场地的一端有非常美丽的海景。最后我们的想法是：在建筑顶层设置一个公共的观海平台，而这个平台应完全对公众开放。也就是说，这个建筑在盖完的那一天，它就应成为旅游区的公共设施之一，或者起码有这方面的功能，而并非完全是一个私属开发商的品牌展示中心。这个概念很快得到业主和政府的双方面认可，因为他们觉得我们帮他们找到了其希望实现的价值。

但是创造这样的公共空间，面临着一个很大的挑战：最后是否真的能被公众使用？这么一个十几米高的平台，人们有什么理由要上去？当时我们的想法是：首先，这片场地非常平，而到海边旅游的人应该会有到更高的地方去看海景的需求；其次，在建筑平台和地面的联系上，我们希望人们可以被它自然地引导上去；最后，设置线路时应在流线上回避对室内办公区的干扰，也就是说公共流线脱离于内部使用流线而独立存在。

在草图中，我用两种颜色的线表达我刚才说的那个很重要的概念，即双流线结构：公共流线、内部使用流线。这两条流线承载不同的人群，它们最后于屋顶的平台相汇。我们希望这是一个会有偶然的事情发生的平台，一些不相干的人可以在这儿相遇。在平台上有电梯间和门厅，能够联系平台和室内。我们还在平台下层设计了一个啤酒餐厅，支持屋顶平台的使用。我觉得这样的功能也不错，因为如果只是一个空置的平台，就没有足够的力量吸引人上去；如果那儿有一个餐厅，这个平台便变成一个餐厅室外的场地，可以服务来到这里的人群。

晚上有灯光的时候，整个建筑屋顶都被照亮，所以在海滨公园内它是一个非常明确的地点。当时业主也有另外的一些想法，就是在夏天天气好的时候可以在这里举办室外活动，比如小型音乐会、酒会。

这个场地还有一个特点，就是它在建筑介入之前就已经有一片银杏树。我们的策略是，到达平台的坡道和台阶的路线对银杏树进行避让。最后坡道和台阶形成了建筑的灵动的边界，同时保护了树木；更重要的是它创造了一种体验——人进入建筑之前要穿过一片小树林。在这里行走时，远处的海若隐若现，因为人是被树环绕的，等走到最高处时才会和海有最直接的一览无余的关系。游人从一个缓坡开始，从几棵银杏树中穿越而过，然后进入内部楼梯间。在这个过程中，人身体的高度、角度跟海景的关系是变化的，为最终上到观海平台直面大海起了铺垫作用。刚才我讲到的所谓的序列也在这个项目里有所体现。我们认为，因为建

万科品牌展示馆夜景及入口坡道

筑的体验有时间线索在里面，所以设计更像是故事性的架构，也就是说建筑师可以塑造空间的前后关系。

像这种尺度级别的项目，我们会控制施工图的节点。这个项目的施工图建筑部分也是我们画的，大连设计院配合我们工作。这个项目的施工特点是速度非常快，在中国有很多类似的项目都要求施工速度。施工过程经历了冬天，也经历了春节。因为时间的压力，即使在最冷的时候——营口海边温度相当低，而且还有风——施工队也一直在工作。这些工人真的是挺值得人们尊重的，他们很辛苦。

对于平台空间，为了实现其完全敞开的状态，我们对结构进行了特殊处理。比如顶层有24米结构的跨度，我们把柱子设在建筑空间的边上，在主要空间范围里人是感受不到柱子对视线的干扰的。整个平台的一侧用了穿孔板，在一天当中的某些时间，阳光会透过穿孔板，投射出非常有意思的光影状态，而且它永远都在变化。因为建筑有一定的体量，而为了便于和激励两侧行人从中穿越，我们还建了一些桥，能够让人在场地内部穿行。关于路径的细节，为了让人能够更自然地走上建筑，一开始是一个缓坡，而不是以楼梯的方式出现。这虽是一个很细节的东西，但是很重要，斜坡是相对容易起步的感受，而不是冠冕堂皇的楼梯。走到有楼梯的时候也没有办法了，所以只能接着往上走。（笑）

我们对这个房子的材料有非常明确的理解。首先它是一个"木头盒子"，这与我们对当地气候的思考有些关系——在那样一个寒冷的气候条件下，怎么才能让公众感受到一些亲和力——所以，整个外立面是木头的状态。一旦切入到空间内部，在材料表达上就会有一个明确的内和外的对比，这实际上是我刚才说到的构造应跟建筑的概念相关联。内部材料用的是金属板，因为它对光线更敏感。在海边，天气会经常变化，光线也变化很大，金属板这套系统对环境光的颜色更敏感。我们希望人进入内部空间时有被环绕的感受。

平台上建筑的立面材料是一种高密度的木质板，在沿海地区，其抗变形、抗腐

万科品牌展示馆通往屋顶平台的楼梯

万科品牌展示馆屋顶平台的穿孔板

万科品牌展示馆开敞的屋顶平台

万科品牌展示馆与大海对视

蚀能力非常强，表面也经过特殊处理。木质板是一种把天然木皮特殊处理后形成的很成熟的材料，这种建筑材料有 10 年以上的历史。

在走道中间的楼梯间可以看到远处的风景，这个区域空间层高不高，大概是2.5 米至 2.7 米，更多是从水平方向感受周围风景。最后上到屋顶平台时，人的身体实际上背对着大海，之后会有个回身一转的动作，能够让游客的视线跟海景有一种更直接的联系。游客从金属板的反射便可以感受到周围环境的微妙改变。我们拍摄了两张非常有意思的对比图片，同一个角度，但是在不同时间，一个是早上，一个是中午，有不同的表现。游客走到平台上最核心的地方，直面一片海景的时候，也能感受到光线和材料之间敏感的关系。

这个建筑的室内也是我们设计的，也是非常简单的处理。一层吊顶用竹木材料，我们希望外部空间能够更自然地延续到内部，从意识上影射"木头盒子"底部的感受。

我们的驻场建筑师是何斌。在中国快速建造背景下要想坚持一定的品质，我们慢慢总结出来一个非常有效的办法，就是每个项目都要有驻场建筑师，因为他可以在第一时间发现错误。在中国，我自己的感觉是，第一时间发现错误还是有可能改过来的，但是盖出来才发现错误，一般是很难再纠正过来了。所以建筑师驻场是一个非常有效的办法，但是代价也很大。

合肥东大街华润售楼处

这个项目是前几年在合肥做的华润售楼处。项目建设之前的场地非常荒芜。因为这个项目，我去了合肥很多次，觉得合肥是一个很典型的中国的二三线城市：它之前是工业城市，现在正慢慢转化为宜居型城市，所以里面有大量的因城市转型所产生的工地，比如住宅以及城市配套设施。合肥给我的感受就是一个硕大无比的"工地"，经常在城市当中会有一种很荒凉的气氛。虽然这个项目的场地已经被整平了，但是周围仍然有很多荒弃的工厂，以及建筑垃圾。

在这种空间环境里，我们同样需要思考：建筑应该以怎样的策略介入场地，怎样才能为人创造一种良好的空间体验？因为这个建筑本身是售楼的商业空间，所以它与居住有一定的关系。我们希望人们来到这个空间后，对什么是真正的美好的居住有些联想。我们前期做了大量的模型研究，特别是对于建筑类型的比较。最后，我们在城市和建筑之间植入了一系列的院落，形成了建筑内部和外部的序列关系。由于建筑外部的大环境有一些消极的感觉，这里的建筑内部和外部主要的联系就靠这些院落。每个院落都有一些关于自然的主题，如植物、水景等。院落的端面是半透明的状态，一旦进入建筑内部，它跟周围城市在视觉上便没有了直接的联系，而是通过有自然主题的院落来建立联系（或者说建立空间关系）。

　　整个建筑是长条形的房子，人从入口到建筑末端会经历一系列院落体验，每个院落都对应着其周围的建筑内部区域，并给每个区域都注入了各自空间上的特征（或者说是气氛）。院落内部采用白墙，从而与南方的传统民居，尤其是安徽一带的那种白墙黑瓦的民居建立意象上的关系，庭院中还有竹子等植物。我们针对光线也做了一些研究模型。

　　至于院落端面的材料，我们最后采用的是镂空的玻璃钢挂板。玻璃钢这种材料往往使用在工厂吊顶和地面中，而在这个项目里我们把它用作立面的材料。这种材料形式允许风的穿越，又在视线上若隐若现，同时院落里的植物给人带来光和影的视觉体验。我们在一开始的建筑设计草图中就开始研究如何形成院落的端面，包括建筑和植物的关系。在具体研究建筑端面时，制作了一个很大的模型来研究不同材料和城市之间形成的透明或半透明的关系。另外，在这个建筑的外立面中，除了院落端面，其他都由锈钢板筑成。锈钢这种材料，大家都不陌生，非常有意思的是它会随着时间而变化，它在刚出场时呈黑色，之后在施工的过程中便开始不断生锈。

　　整个房子里最关键的细部，就是锈钢板和玻璃钢挂板的交接关系。玻璃钢和锈钢，在材料上有重和轻的对比。材料选择跟环境气氛是有关系的，我们希望这个房子跟周边的大环境相契合。锈钢这种材料跟整个环境相比，有一种更重的、更粗糙的感受；玻璃钢这种材料的颜色是可以选择的，我们面向城市的那面都是无色的挂板，这样建筑会更含蓄，但是朝院子的那面，每一块的颜色都不同。这些端面都用两层挂板组成，其目的是为了从室内往外看时，人的视线不会被支持

华润售楼处院落外端面

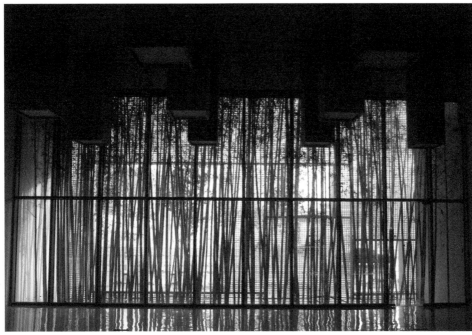

华润售楼处室内

这些挂板的龙骨所干扰（龙骨藏在两层挂板中间）。人们行走在这六个院子的过程中，会感受到不同颜色的玻璃钢挂板间的微妙差别，但这又不是一种非常直白或强加的颜色体验。

由于材料半透明的性质，因此在一天的不同时刻，建筑的表情会有所变化。建筑是光线的载体，其中有两层含义：一是光线进入建筑内部的状态，一是建筑外部对光线的回应。在雪天的时候，因为这些材料由很密的、镂空的格子组成，视觉效果非常有意思。

建筑内部的状态相当简单，但我们还是一如既往地希望，它跟外部院落主题的关系能更亲密。每块室内区域外面对应着一个院落，其内部的色调让建筑空间对光线非常敏感，天窗也会在不同时刻把阳光从屋顶引入室内。

昆山有机农场系列：餐厅、采摘厅

昆山有机农场的餐厅现在（2013 年 11 月）还没有完全建成，但施工已经接近尾声了。这个项目中间也出现过插曲，2013 年 9 月份的时候，业主突然改变了运营策略。一开始这个房子是业主自用，后来他想通过这个房子有些商业上的回报，于是雇了一个专业的餐厅运营商。这个运营商自己找了一个室内设计师，把我们的空间改得面目全非。目前我们还在与业主进行博弈。

项目场地在昆山。因为这个城市在 20 年前就引入台资和日资企业，所以这里的经济条件非常好，我们的场地就在阳澄湖边上。在阳澄湖盛产大闸蟹的最好时间，随便拿手机拍张照片，就能拍出非常漂亮的湖景。这块场地有个非常鲜明的特征：一侧是美丽的湖景，另外一侧则是典型的地产别墅开发区。场地非常平坦，与营口的项目场地有些类似。所以在这里设计一个体验风景的建筑，怎么样面对两个方向不同的环境条件也是我们面临的问题之一。

每次接触一个新项目，我都会有一个习惯：第一次去看场地时会画一些速写。实际上这也没有什么太实际的功能，就是为了建立建筑师和场地间更紧密的联系，或者说是建立感情的方式。在设计还没有开始时，我们也会做一些意向性的探索，而不是具体的方案，只是从剖面的角度思考如何去理解建筑空间和地面的关系。而这个思考在之后的确会影响我们的切入角度。

在我们的设计中，有几种建筑与地面的关系：飘浮、相切、嵌入，这在营口的项目中也有所尝试。人对空间有多重体验感受，嵌入是人和重力的关系，飘浮是人对空气、天空和轻的感受。我们相信这些都会影响人的体验，而体验不是一个抽象的概念，最后定会落实到空间品质上。我们当时的想法是，在人进入建筑的行为和风景之间塑造一个行走的线性过程，而这个过程是靠一些墙体来实现的。也就是说，在这个建筑里会经常有人沿着墙行走的行为发生，而这个设计的目的在于塑造对空间序列的体验。或者说，在人和风景有非常直接的、一览无余的关系之前，会有一个在空间里穿越、酝酿情感的过程，而在这个过程里，人跟天空、植物、地面又会发生多层次的空间关系。当然，设计墙体的另外一个原因——我刚才已说到——是场地对方向性的回应。基地一侧是别墅开发区，另一侧是非常开阔的水景，所以墙体的存在为建筑空间设定了方向。

水平是这个建筑采取的一个非常重要的形态策略。建筑紧临一条河，而湖景则在 150 米之外。人进入建筑的路线从沿着墙体行走开始，在树和墙的相互掩映下逐渐安静下来，并在进入大门之前激起好奇心。在入口结点上，人有两个选择：进入建筑，或沿着另外一个坡道下到小河边的亲水平台，这两个交通路径在剖面上是立交的。平台嵌入到地面的标高是由其与河水的关系所决定的。为了让底下平台上的人能够通过，上面的餐厅飘浮在场地标高 1.5 米以上，主要的餐厅空间与土地是脱离、漂浮的关系，这样设计也可以让人看到更远处的风景，体验到轻质的、好像离天空很近的感觉。人在这几个空间里感受到的人与景色、天地的关系将会很有层次。河对岸的小建筑是互动厨房，是厨师教客人烹饪的小教室。这两个建筑之间有桥体相连。

餐厅有一个出挑很远的大挑檐，我们希望这个水平向的挑檐能最大程度地遮挡阳光对于建筑内部温度的影响，其延伸感又能够把较远处的东西拉近建筑。在当地的气候条件下，有遮阳的空间是很舒服的，人们会有很多户外活动的时间。

我们在 2013 年 9 月份以前做的室内空间基本上都是非常简单的状态，业主也没有太明确的功能要求，能接受非常朴素的室内设计。但是运营商的室内设计师来了之后，第一反应是赚不了钱，因为没有商业气氛，于是做了非常多的装饰。我们游说业主，希望能让房子回到朴素的状态。我对业主说，设计这个房子的主要目的是建立空间和风景的关系，而如果想让人在空间里体验到风景，前提是空间要简单、要有空的感觉，只有在这种气氛中人才会注意到远处发生的事情。如果里面全是烦琐的装饰，人的眼睛就无法聚焦到远处平和的风景上。幸运的是，最终业主从某种程度上接受了我们的观念，现在我们正在商议，希望它能够回到一个双方都可以接受的状态。

为了建构飘浮、潜入、重与轻、空间界面等和风景的关系，我们在项目前期对建筑的构造等重要组成部分做了研究，以便形成更具体的认识。例如，我们研究了桥和平台怎么交接，设计了若干种桥和平台"相撞"的方式。建筑作为一个存在于环境中的物体，必定由一些构件组成。当你定义这些构件的构造关系时，里面有很多逻辑。一个构件和另一个构件在一起时，它们之间不仅有物理关系，更有精神层面的关系。所以在构造上，我感觉很多时候建筑师是在定义物与物之间的关系。在材料的设计上，我们也在努力，比如厚重的毛石墙体和轻盈的金属挑檐之间的张力。一天里一些特殊的时刻，它在光影上也会有一些很生动的变化，粗糙的石头和细腻的影子形成对比，格外生动有趣。

从 2013 年 2 月份开始，我们在昆山的驻场建筑师已经在那儿待了快一年了。但是他跟其他驻场建筑师有些区别，现在越来越胖，我估计是因为昆山当地比较富庶。在建造上，业主还是很有经验的。但因为我们是第一次合作，所以业主对我们，包括整个程序的控制都不了解，所以他让我们先做一个采摘厅作为前期建造的实验。采摘厅的形式很简单，除了采摘，还为采摘的人提供休息场所。现在房子盖好以后，里面的功能变得越来越丰富了，我觉得这也挺好的。因为一个房子建成后，可以容纳越来越多的活动是件很有意义的事情。但是它在形式上依旧相当简单，主要是在建造工艺上的一个实验。它的主要材料跟餐厅有一些关系，也有对天光的引入和挑檐，可以让人在这里停留。最后，它的整个完成状态是理想的，也让业主对餐厅更有信心了。他们现在会在这儿办一些活动，而且这里的食品都是附近农场里生产的。

昆山有机农场采摘厅

昆山有机农场采摘厅内部

昆山有机农场采摘厅休息区

昆山有机农场采摘厅外观

天津西青区张家窝镇小学

这个项目在天津的西青区，这个郊区发展得很快。当时这是一个竞赛项目，我们赢得了竞赛并最终把房子盖了出来。直向建筑前几年接的项目不是在二线到六线城市，就是在二线到六线城市的郊区。从这点上讲，在国内作为一个完全民间的事务所，在起步时的确会比较艰辛。国内建筑设计行业的体制还是相当得强大，而且它对所谓资质这一套东西的控制很严格，但是现在慢慢好起来了。当然，场地对于一个建筑师来讲没有优劣之分，因为每块场地都有值得尊重的东西。

这个项目的切入点，就是我一开始说到的"生活关系"。我来解释一下这具体意味着什么。一个学校往往有不同类型的教室，一部分教室是普通教室，是每个年级都会有的教室，国内对普通教室的规定——比例、进深、黑板位置、座位之间的间距等——非常严格；另一部分教室是专用教室，比如音乐室、图书室，是有明确专业需求的教室。我认为专用教室是学校这个小社会里更具公共性的空间，因为它是大家共享的地方，而普通教室有私属性，属于某一个班级。我们希望创造一个能促进学生交流的学校空间格局。国内普遍的学校设计方式叫"梳行平面"，即一个走廊垂直联系着一排排的教室。这种方式我们当然可以理解，因为它能有效解决间距、日照等规范性问题。但同时这种方式也带来了问题：学校里面的生

天津西青区张家窝镇小学

活会被走廊限定得过于线性，也就是说从 A 到 B 没有太多选择。因此我们希望尝试另外一种设计方式，即创造一个更灵活开放的交通空间，而非强线性的方式。我们想在这样的空间里，为学生和老师之间的偶然交流提供平台。

具体的做法是，把刚才说到的专用教室，即更具公共性的教室放在二层，一、三、四层变成普通教室。把二层变成学校里的公共空间，这个交流平台被周围错动的公共教室环绕，这些公共教室甚至会出挑出去。在二层，除了有尺度相对宽阔的教室外，很多教室之间形成的小角落也提供了另外一个尺度的交流空间。因为孩子们在这个年龄好奇心很强，因此我们设计了很多不同层次的空间。建筑空间和形态中制造了张力，人在空间里和外面都可以感受到二层的活跃性和特殊性，而一、三、四层则更具规矩性。

从刚开始的想法到最终落实，我们做了很多具体的方案。同样，我们也经历了漫长的对光线和空间关系的模型研究阶段。从剖面关系上看二层的平台空间，它的上方其实是通高的，是一个通到屋顶的垂直空间，大量的高侧窗把阳光引到教学楼的内部，避免了黑暗角落的出现。同时这些高侧窗可以电动开启，日常使用过程当中可以使空气自由流动，中间的垂直空间在室内的小气候中也起到促进通风的作用。房子建成之后，我们在夏天来到这里，内部空间由于良好的通风十分凉爽舒适。我们在材料使用上也相对直白，二层专业教室用木头和透明玻璃建成，一、三、四层都主要使用涂料，局部使用了一些木格栅，可以遮挡黑板区域的眩光。

工地其实很有意思，如果在学生阶段能有机会偶尔去去工地，对建筑的认识会有很大帮助。我没去过工地以前，觉得建筑构造是很难理解的事，因为所有的东西都是抽象的，都是年长设计师教我的。但是去了工地之后，我发现其实事情非常简单。随之，你在画图时会有一些非常直观地对于构造的控制能力，这是一方面。另外一个更有意义的方面是，它可能会影响你对建筑设计的理解。因为建筑设计的根本就是建造，毕竟我们是在做这件事，所以当你对建造有直观感受时，它可能会慢慢影响你对建筑设计的看法，这个意义会更深远。总之，无论是知识方面，还是认识方面，你都会有不同的思路产生，所以我们跟工地有很紧密的关系。虽然工地看着杂乱，但看着它慢慢变化，也是一个很愉悦的过程。

天津西青区张家窝镇小学，挑出的公共教室

天津西青区张家窝镇小学，室内公共空间

此外，我们还负责设计了校园景观方案。在出挑的"盒子"下面我们设计出一块块供孩子们活动的场地，整体上形成一种更生动的建筑和人的关系。但之后由于预算原因，景观完全没有做，粗鲁地用一条路就解决了所有的问题，这是一个很大的遗憾。因为最开始我们的想法是，这些"盒子"除了表达内部空间，它应该对外部也有影响，可惜并没有实现。

我们为了强调建筑的体量和概念的关系，在结构上做了很多努力。在二层，每一个专用教室的端面都使用彩色的玻璃装饰，给二层带来了活跃的能量；一、三、四层则都是非常朴素的灰和白的色调，这也是为了让空间焦点更多地集中在交流平台上，鼓励人们来这里活动。

在房子建成之后，我第一次回访就发现了一件很可惜的事：二层最好的一间教室被校长当成了自己的办公室。没有办法，很多事情很无奈！

重庆桃源居社区中心

这个项目也是我们正在建的项目，2013 年年底就会建成。重庆是一座山地城市，有很多山丘。这块基地在一个城市公园中两个山尖儿之间的山坳里，但实际上它整体是在高地上。我们需要在这片地上盖房子供市民公共使用。

我们在介入之前，开发商已经请了其他建筑师做过两轮方案，基本上都是占住这块空间，让一个四四方方的"盒子"落在场地上。我觉得这种方式相当粗鲁，因为我来到这个场地后，感觉整个公园处于一种非常自然的状态，因此我希望建筑的介入也是自然的，同时又能影响到将来在房子里活动的人。我的想法是把中间的这块地空出来，变成内部的庭院式空间。但毕竟这是一个公共建筑，应该和周边公园里的道路相通，并通过建筑的开洞、悬挑和大跨度等，来塑造其与公园相互渗透的紧密联系，而不是围合自己的空间，把其余隔绝在外。

这座建筑主要有三个功能中心：文化中心，包含图书馆、教室等；体育中心，大致呈 L 型，有健身房、瑜伽室、羽毛球场；还有一个社康中心，体量比较小。这些中心虽然分散，但它们被同一个起伏的屋顶罩住，围成一个整体，吸引人们走进庭院。三个功能中心的建筑依山而建，呈环形分布。总体上，我希望座建筑没有明显的内和外的感觉，所有人来到这里可以很舒服地行走，展开一些活动。从形态上来讲，这座建筑屋顶的走向、高度的变化都和周边山体的地貌走势有一定的关系。此建筑没有动工之前，基地中心有一处天然水体，我们当时想把水体留住，也设计了雨水汇集系统，希望此处变成一个雨水收集场所。但是经过评估，我们发现水体将来的维护成本会很大，最后只好把这处水体取消了。现在水体那里变成了一个自然庭院，里面有个小尺度的水池，但已经不是雨水收集的概念了。

我们将整个屋顶都铺上植被，希望它能融入自然的景色里，而不是一个非常突兀的存在。这个建筑在山上，远处一望无垠，视线可以看得很远。但是后来突然出现了一片楼盘挡在了前面，这个楼盘设计师根本没有考虑我们的房子将来对风景的要求，就堵在那里。这种情况也挺有讽刺意味，中国城市发展得实在是太快了。

这个项目在结构上也有一些挑战，比如悬挑和跨度的难题。我要感谢肖博士。我做万科中心项目时，他是万科中心的结构顾问。在这个项目上他给了我们很强有力的支持，因为当地设计院很排斥这种有难度的结构设计，但是由于他的介入，很多事情实现了。这座建筑中，最大的一个跨度有40米，目的是希望创造内和外更公共的联系，将来这里还会种一些竹子、树，共同创造一条若隐若现的空间界限。这也是将来可供人行走的步道系统。这座建筑中，很多地方有大的挑檐和尺度非常大的开洞，能够把光线引到地面。在建筑内部我们也设计了天窗。在每个项目里我们基本都有类似的考虑，希望能够让阳光渗入到建筑中非常内部的空间，引入光线的同时还可以给空间一种随着时间而变化的富有生命力的状态。由于天窗的存在，空间内部的明暗节奏也变得很生动。一些小洞好像日晷那样，成为记录时间的机器。这个项目的驻场建筑师，跟营口项目驻场建筑师有一个共同特征，就是去了场地之后就没再理过发。我内心里非常感谢这些年轻人，因为他们挺辛苦的。

重庆桃源居社区中心远景

问答部分

Q1：董老师您好，您在阳澄湖旁边做的餐厅，柱子和屋顶之间的结点是怎么做的？

董功：我们在这个项目中最大的原则是对于空间中"面"（界面）的建立。我们希望这个空间和远处的风景发生微妙的关系，所以整个空间都以面的形式组成。因此，柱子等大部分结构被隐藏在界面里，以使得界面变得更单纯，塑造风景和人之间更紧密的关系。结构交接的部分都在吊顶以上，我们做的主要工作是处理竹木格栅的吊顶，使之能够准确地和柱子产生交接关系，其实这并不复杂。

Q2：您好，我的问题建立在我的猜测上。从您受教育的经历，以及对于品质、构造结点、建筑当中的气氛等的追求，我猜测，是否密斯对您有着深刻的影响？如果有的话，影响是什么？我们能从那一代建筑大师身上学到什么？

董功：我非常喜欢密斯，但是我从来没有琢磨过他的一些重要的设计理念具体对我有什么影响。我们这一代建筑师多少会受到现代主义的一些影响，毕竟密斯是现代主义代表性的人物，所以你可能会在我的房子里看到一些这方面的痕迹。但是经过这几年的实践积累，现在我对很多最基本的问题，如材料、重力、光线等越来越感兴趣，因为我发现建筑和人在情感上的关联有时候不需要太复杂的解释。我在 2013 年 10 月份时又去了一次万神庙，进到那个空间时，建筑给人的那种震撼没有因为时间的推移而褪色。因为那些永恒的东西是建筑的一种品质，而且我觉得这也是值得每一个时代的建筑师用属于自己的时代语言去追求的东西。

Q3：董老师您好，我之前在方家胡同看到您作品的展览，觉得特别震撼，因为它很贴近自然，模型又特别精致。刚才您提到了驻场建筑师，我想问一下，驻场建筑师在施工过程当中，比如说发现特别粗糙的现象时，他们是如何反馈的？

董功：电话反馈的。

提问者：之后是怎么改进的？因为我觉得在现实中会遇到很多问题。

董功：首先我们接触到的大部分业主，从骨子里还是希望把建筑盖好。这可能跟我们这种事务所吸引的这一小部分市场有关系，因为我们很少做尺度过大的住宅。对于建筑师完全没有话语权的项目，我们会刻意保持一些距离。在中国，施工队最大的问题是不会非常严格地按图纸施工，你画得再细，他在现场盖的时候由于时间的压力会找出很多借口做一些变更，有些甚至根本没有经过设计师的同意。所以驻场建筑师最大的意义是在第一时间发现这些错误。实际上我们有很多驻场建筑师在刚去现场时并不是一位经验很丰富的建筑师，所以我对他们的期待不是说在某个时间点上把所有问题都立马解决，而是能够跟我们这边第一时间沟通，我们会尽早让业主、施工队知道这个东西盖错了。在完全盖错之前通知施工方，他们还是有能力调整的。

提问者：一般都会出现什么问题呢？

董功：我们经常会遇到的一类问题，就是两种材料相接时，本来希望是平齐的状态，但是施工队有时候会做一个盖边，扣一个东西。平齐相交是不好做的，所有的切割包括对边沿的处理都是暴露在外面的，而铝合金的扣边一下就可以掩盖住这个问题。但是这个扣边会弱化物和物之间的关系。所以很多时候我们会极力反对这种状况。如果说在整个空间里大量出现这种情况，那就很难改变，因为这涉及大量的人力、财力。所以一开始出现若能及时阻止，就不会使简单的问题变得不可解决。这是一个最简单的例子，还有很多比这更复杂的情况。

：我想问关于物与物之间的关系的问题。不知道您是喜欢物与物之间很直接的对话，还是它们直接对接的形式。我发现这是您的一个特点，您项目中对立面的处理有很多部分就是两个材质直接接过去了。这种处理方式是您个人喜好，还是说您对它有更深刻的思考？谢谢！

董功：你问的问题挺好的，因为对于构造的意义，包括构造和建筑概念之间更深层的关联也是我现在经常琢磨的事情。我潜意识里认为，构造不单纯是物理上的追求，也不能简单地看作是对形式的追求。也就是说，构造一定要跟概念有更深层的关联。就如你所说，在我的建筑里经常有面和面之间很直接的对接。而我的设计经常会有明确的内和外的关系，也就造成了在材料处理上有一个明确的内和外的区别。内外界面相交时我希望它更干脆，可以直接解释内和外之间相连接的关系，而不希望有过多的琐碎环节，虽然有时候是一个小于5厘米的处理，但是我也希望它能直接表达内和外的交接。

我现在也在考虑如何在空间当中解释结构。当然，我现在的思考基础也跟刚才说的有关系。在我理解的空间和风景、建筑内和外的基础上，我需要更单纯的界面让大家感受到我希望建立的关系；但在另一个层面上，这隐藏了建筑中一件很有意义的事情——对重力的解释。这也是我在最近几个项目里所思考的，但不在今天讲的项目范围内。我在试图探索建筑完成时对于重力的诠释，这跟构造，甚至跟3厘米、5厘米的构造有关系。

提问者：接着您刚才说到的问题，我从您关于旧项目到新项目的演进过程中，以及从您说的注重界面的处理，背后隐藏的钢结构体系加上木墙的构造处理方式，还有后来慢慢出现的现浇混凝土，可以看出斯维勒·费恩（Sverre Fehn）和希拉·奥唐奈（Sheila O'Donnell）那种直接把结构和空间氛围、光线整合的状态，您是不是也在往这个方向进行尝试？

董功：您刚才说得两位建筑师都是我非常喜欢的建筑师。我经常会在事务所里跟同事们聊起他们，我也亲自去过他们的房子，每次去都让我特别感动。

从我个人的角度来说，五年前我的脑子里就好像已经有了一些概念。这些概念跟我之前的经历有关，比如我在美国两家事务所里所学到的东西。最近我思考得比较多的就是建筑的物质性，可能在这点上跟你刚才说到的有关系，比如说会有一些更直接地对材料的表达，或者说更直接地对于结构的表达。我觉得物质性在建筑中是一个非常本源且无法回避的问题。而工业化的建造，实际上对建筑的物质性是有挑战的。

你可以想象，一个古典建筑的建造过程，它用当地的材料、当地的工人，这是时代的局限，但这样造成的建筑有一种从土里长出来的感觉。比如说教堂，它大多有一个很明确的重力传递，因为受到当时建造方式的限制。而工业建造，在建造体系上割断了房子跟大地的关系。比如我们在营口盖的房子，工人来自江苏，材料来自广州。包括外墙的形式，也会让你感觉这个建筑是一种很轻的状态，好像跟土地没有专属关系。所以现在我越来越强烈地感觉到建筑里有些东西是不能被割裂的，这也是经过几年的反思所总结出来的认识。

起点与重力
——华黎

华黎

迹·建筑事务所（TAO）创始人及主持建筑师，先后毕业于清华大学和耶鲁大学，获建筑学硕士学位。于清华大学教授设计课，并受邀在国内外多所大学演讲。曾实践于纽约，2009 年于北京创立 TAO。华黎的建筑强调场所的本质意义与建造的人文意义，其设计作品曾多次获奖并展出。

我记得 2009 年的时候就在美院做过一次演讲，当时也是王小红老师做主持，给三年级的同学上了一堂小课。今天以"起点与重力"为题目，我想跟大家分享一下我在建筑实践当中的思考和我们团队做的一些项目。我先用几张图说明一下以前的想法。（见下页图片）

第二张图与第一张相比，仅仅是窗户中的场景切换了一下，你就会感觉视点是在室外。当你把场景变成一个无法判断的东西时，你会提出一个问题："你在空间当中时，是在内还是在外？"这就是这个"内与外"练习的意义。从这引申出我讲的题目"起点"。

内与外的思考

起点 = 提出第一个问题　什么是起点，这是做设计时提出的第一个问题——我们的设计从哪儿开始？我认为这对所有建筑、设计来讲永远是最重要的。比如卡罗·斯卡帕（Carlo Scarpa）设计楼梯时，会这样思考：当你走楼梯时，你的左脚和右脚不会同时踏在一个踏步上，所以楼梯每个踏步只用脚长的一半宽即可。可以说这个形态就是楼梯的起点。起点就是对一个事物本质的思考，但它可以以不同形式体现为最后的外在结果。

重力 = 此时此地　重力就是我们要面对的现实条件，是此时此地的外部因素，也是我们具体要面对的建筑当中需要解决的问题。我们 TAO 做的项目分布在中国不同的地方，不同的项目要面对非常不同的地域条件，包括气候、资源、传统、建造技术、工业化水准、造价等。所以重力指我们在设计当中具体要解决的问题。

每一个项目都从起点出发，面对着重力，是一个具体的过程。

常梦关爱中心小食堂（2007—2008）

　　我们的第一个项目是北京郊区的一个关爱中心，它是一个收养了十几位智障和残疾儿童的公益机构。2007 年他们得到了一笔捐助，想把原来的危房拆掉，然后建一个新的小食堂，同时也作为孩子们的公共活动空间。我们把原来东侧的房子拆掉之后新建了小食堂，还通过它西侧面的一条面向庭院的柱廊把宿舍和小食堂联系起来。柱廊抬起形成可坐的平台，加强了院子的围合感。南部是办公空间和一些对外的辅助空间，北部是面向内部的房间。

　　这个设计的起点在哪儿呢？其实最开始的想法非常简单，我们觉得这样一个公益机构应该有家的感觉，这个小食堂应该是个能产生凝聚力的空间。所以我们想做一个空间，让所有的孩子可以坐在一起吃饭、上课、做游戏。这个食堂里有一个主空间，孩子们可以在那儿围绕一个 6 米长的桌子举行活动，其上方的天光加强了中间空间的凝聚感。主空间的东侧有两个小的空间，外面的柱廊面朝西，提供了和宿舍相连接的通道，也是和庭院的过渡空间，还可以遮阳。在外从水平

黄昏时的常梦关爱中心小食堂

常梦关爱中心小食堂主空间内部

窗可以看到里面的餐桌，而坐在餐桌边，则可以看到外面的院子，它们之间会产生联系。在不同的时刻，光影下的柱廊也会产生不一样的表情。

常梦关爱中心儿童画廊（2013）

常梦关爱中心小食堂是 2008 年建成的，今年我们又在这里继续做了另一个项目。在靠外的区域，村子的道路旁边有一座建筑也是危房，业主得到了一笔捐助，想要在这里建一个儿童画廊。虽然这里有些孩子是智障，但是画画得很好，捐助者希望儿童的画作可以在这里展览、拍卖。同时这里也可以作为多功能厅，孩子们可以在这儿上课、做游戏。

因为它主要以展示功能为主，所以应必备几个基本元素：展示墙面、天光。对于画廊来讲，最重要的是营造比较舒服、柔和的光线——这也是我们这个设计的出发点。所以我们在顶部把天窗和屋顶结合起来，营造了一个比较柔和的漫射光的环境结构。而墙面相对来讲比较完整，可以作展示墙。

在画廊面向关爱中心的一侧有一个挑廊，两侧开窗，面向道路的那侧将外檐挑出一些，村民可以坐在这下面晒太阳或者聊天，通过窗户还可以跟里面有些互动。

从画廊内部能够看到屋顶的结构，以及从天窗洒下来的漫射光。这个结构本身是一个桁架，建造时我们想用轻钢龙骨的建造体系做屋架，这是工业化的标准产品，可以在现场进行装配。外面的坡屋顶是直线的形式，而里面的屋架则是曲线，我们希望能够在内部通过曲线营造一个比较柔和的室内空间效果。我们做了很多有关天窗的实验，发现南北向时一天当中不同时间的光线是相对比较均匀的。这个项目我们在技术上是同香港的团队合作，采用他们的轻质建造体系。现在这个项目还在进行当中。

常梦关爱中心儿童画廊模型

云南高黎贡手工造纸博物馆（2008—2010）

这个项目在云南省保山市腾冲县界头乡新庄村龙上寨。这个寨子有大约400年的手工造纸历史，从明朝就开始了传统的造纸法。博物馆一方面要展示造纸的工艺、历史和传统，另外也要作为未来纸产品开发对外的窗口，还兼具培训、住宿等功能，是一个综合体。

我们在当地做了很多调研，以了解这个区域有什么样的建筑资源、建造传统。我们一开始的出发点是想做一个立足于当地的房子，扎根于当地土壤的当代建筑。博物馆的场地正好在进村道路的边上。博物馆本身就是一个微缩的小村庄，它的建筑体量和村庄的建筑尺度、肌理应是相呼应的。另外，这个博物馆并不只有单纯的展示功能，还有其他的功能，因此我们希望它体现出功能的集合性和空间层次的丰富性。所以，它最后呈现出像把一个聚落微缩在一个小博物馆里的形态。我们在过程中做了很多形态研究，比如1：50、1：100的结构模型，从这些过程模型中能看到我们设计的思路。

一开始我们就跟工匠龙师傅交流有关结构的想法，我们计划用传统的榫卯结构来做，这在当地非常普遍。比如这位工匠的家，因为修路被拆迁，他把拆下来的木结构在新的住址上重新组装，又加了两跨，就盖成了新家。木结构的优点就是可以拆装，是装配式建造体系，可以适应土地变迁。我们做了其中一个展厅的构造模型来分析外墙和屋顶构造体系的做法，以及一些建筑细节。

云南一年四季的气候都比较温和，所以我们只用镂空的地方来通风，墙面没有开启通风窗，这样可以把墙面完全解放出来，墙面上的洞口只起到框景的作用。这样建筑的每一个元素都被赋予比较单纯的功能，它本身的意义非常纯粹。

这里每个展厅不大，但是全部靠玻璃连廊相互联系，从剖面上看是逐渐跌落的，由台阶连起来。小而曲折的空间如同村子里巷道的空间感受。书店在一层，培训室和会议厅在二层，客房在三层。

这个建筑用的都是当地的自然材料，形成一种与环境很和谐的感受。屋顶采用当地的金竹，一是可以形成隔热通风屋，二是可以创造一个起伏屋顶的人工景

高黎贡山手工造纸博物馆黄昏时的西面外观，舒禾摄影

高黎贡山手工造纸博物馆北立面，舒禾摄影

观。墙面采用杉木，地面和基础采用当地常用的火山岩。我们还设计了家具，比如用竹子做的条案。一开始我们做了一个1：6结构的模型，非常直观，希望能让工匠对建筑形体有一个很好的理解。我们还做了一个1：1的柱子和梁的结点。在现场施工时，工匠把加工好的梁柱拼装在一起，用滑轮装置将其拉起，再把横梁搭上去，就搭成了展厅的框架，非常轻松。因为木结构是非常轻质的东西，所以建造得很快，建这个木框架只用了三个星期的时间。最费劲的是建构三层的框架，因为有九米高。正好旁边有一棵树，工匠爬到树上拿树当临时的脚手架，非常智慧。有时候做错了，工匠便爬上去用锯给锯短，就像我们改模型一样快捷。柱础都是用火山石切割出来的。

我们的驻场建筑师，最后变得跟当地人一模一样。人会被晒黑，房子也会被晒黑晒旧，过一段时间就会融入当地环境中。后来，乡村的造纸合作社成立大会就在这个建筑的二层举行。我觉得这个房子的社会意义是其正如一个窗口，是村子里面的人和外面来的人进行交流的地方。艺术批评家栗宪庭老师曾在这即兴挥毫。这也是村里人经常聚会活动的场所。

四川孝泉镇民族小学灾后重建（2010）

四川孝泉镇民族小学在震后，校园里仅剩几棵大树。孝泉小镇大约有四万人口，城市空间基本由两三层的房子构成，五六米宽的街道，是很亲和的小尺度的城镇空间。

我看到这个小学的一名学生画的一张画，是他对未来学校的憧憬：一个很单一的建筑，它能把所有活动都框在里面。这幅画很有意思，为什么小学生对建筑的憧憬是这个样子的！而且我自己上的小学差不多也就是这样。但学校不应该是这样的，这种形式更多是从学校管理的便利角度出发，并没有体现出学生真正的需要。小学不应该只是一个单纯上课的地方，它应该有多样性的空间让儿童用作各种各样活动的场所。这里面应该既有标准的、为了应试教育而准备的教室，更要有一些很丰富的室内活动空间和户外城镇空间，让儿童们去游戏、去释放天性，在这样的空间里去完成他的成长。所以我们把这个小学建筑理解为一个小的城镇，而不是单一的建筑。我认为这才是真正的理想的小学。

在我们的计划中，它是一个聚落，一个微缩的城镇；建筑有不同的尺度，从相对有秩序一些的到更自由的，再到操场，是一个逐渐释放的过程。从整体来看，校园主入口在东侧，对着一个相对比较肃穆的庭院；两边都是三层建筑，中间是教学楼，是联系所有功能的一个连接体，我们叫它"脊椎"；西侧有多功能教室群、操场；宿舍楼在南侧。小镇的平面像自然生长出来的一种形态，而不是一个非常人工的、规则的形状，所以我们的建筑也去适应它的肌理，会有些比较自然的转折。我们也试图在校园建筑里实现跟小镇的互动，比如主入口的庭院，"脊椎"连廊，它们都是一个多功能的空间。

孝泉镇民族小学大台阶与脊椎连廊之间的平台，姚立摄影

多功能教室群创造出街巷式的空间，学生们可以在这儿玩滑板。这些街道式的空间跟小镇里的尺度和感觉很相似，我们希望学生们在新的学校里没有陌生感。尤其是地震以后，很多老房子被震倒了，我们希望孩子们在这里的生活跟过去在小镇的日常生活有联系，而不是断裂开来。在这里可以进行很多活动，如骑自行车、踢球、聊天等。

我们还设计了很多建筑和家具结合在一起的、跟儿童尺度相关的一些细节，比如有厚度的窗洞。在一些小尺度的角落，学生们可以三三两两地在那里活动。教室窗台的高度让学生坐下时视线低于窗台，使其上课时比较专心；而下课站起来的时候便能看到户外。

我们将食堂设计得很简单，方形的平面中间有一个天井，围绕着它的门窗都是可以打开的。外立面上横向的条窗正好对应学生坐在那儿吃饭的高度，他们吃饭时可以看到外面的操场。外立面的上面是很大的、可以打开的通风窗，也可以让光线更多地进入室内。

这个项目是灾后重建项目，因此造价很低。我们在建造上尽量使用当地材料和建造方式，也是一个比较低技的方式。施工的罗总每次见到我都愁眉苦脸，因为我们想做清水混凝土，但他从来没做过。不过他是一个挺负责的人，对这个项目真的很用心，跟我们一起在现场做了很多的样板实验。最后混凝土做的效果还可以，虽然说也有很多没做好的地儿，包括爆模等各种各样的问题。一些打磨的痕迹，也都保留在建筑上。其实我们觉得，留着这些痕迹也挺好，因为它直接反映了当下的建造条件，感觉很真实。这些细节都在给人们讲述着生动的故事。混凝土我们用的是 C40，提高了一个标号（一般是 C35），其更密实，质感更细腻，颜色也更发青。

这位罗总非常善于替建筑师考虑细节。当时做竹子外墙时，他说："我替你想了一下，竹墙上的卡件我刷成绿色的，这样从外面看不明显。"没有想到的是，这些竹子挂上去不到一个月就变成黄色了。所以我对他说："你犯了刻舟求剑的错误，还不如就保留金属材质。"

从孝泉镇民族小学脊椎连廊里看"街道空间"，姚立摄影

孝泉镇民族小学的"街道空间"，姚立摄影

半山林取景器（2012）

　　这是在山东威海的公园里做的一个小型景观建筑，从山坡上可以看到威海海湾，山坡上全是密密麻麻的刺槐林，是一个很棒的场地，也很有意境。我们感觉这里应该创造一个观海的空间，另外树林也要全部保留，以维持原有的意境和氛围。为了使场地当中所有的树木都保留下来，建筑只能见缝插针，在树林中自然

黄昏中的半山林取景器台阶，姚立摄影

形成一个状态，最终形成三个分叉悬挑在山坡上，而每一个分叉正好对着城市当中几个主要的点。这座建筑等于是半嵌在这个山坡上，往上走到屋顶是观海平台；往下走半层则进入茶室和展览空间。从山坡下面可以看到几个分叉挑出来很多，最大悬挑有6米。建筑本身是混凝土结构，基础都藏在挡土墙后面。

　　这个房子很有意思，从两边看给人的感觉是不一样的。从高处看，周围原来的老树都保留了下来，包括台阶中间的那棵树，因此这个建筑就像是周围公园

半山林取景器展厅，姚立摄影

半山林取景器模型

半山林取景器屋顶平台，姚立摄影

地面的延伸，通过一个台阶从公园里很自然就会走到屋顶平台上，然后一下看到海，会有一种豁然开朗的感觉。我观察到好多人走上来时会突然放声大叫、唱歌，还有人在这儿健身，非常有意思。因为这个公园是开放的，它成了一个公共性的活动空间。

往下走，从入口进入到建筑内部。院子里面有棵树，只不过这棵树不是原来的那棵，是新栽的，这是一个遗憾，其实我们最开始设计这个天井就是为了保留原来的那棵树。室内有茶室、展示厅、办公室，还有两个较小的天井庭院。

整体来看，这座建筑是藏在树林中的，非常不起眼，但是人走上去后会有一种独特的感受。

武夷山竹筏预制场（2012）

这是我们在福建武夷山的一个乡村环境中做的一个竹筏制造厂项目。有意思的是，竹筏预制场的项目名字有时会误写为"预制厂"，"厂"和"场"一字之差，却恰好开启了对项目场所意义的思考。"厂"一般来说，指生产性的功能空间，其指涉着工业建筑的单纯的功能性；而"场"意味着一个领域，暗含了其与环境、行为的关系，以及内部各要素之间的关系。

在武夷山，漂流是一个主要的旅游项目，旺季时，每天要接待 4000 名游客。当地每年需要做一千八百张竹筏，因为竹筏在九曲溪中漂流会有磕损，一张竹筏一般只能用半年。因此当地人每年需要采集两万多根毛竹，每根有 9 米长，而每个竹筏由 8 根毛竹组成。竹筏是易耗品，用量很大，需要一个工厂来进行竹筏的制作和加工。在过去，竹筏加工由传统手工作坊完成，这些很小的作坊分散在沿河一带，为什么现在要集中生产呢？主要考虑到原来分散生产模式会产生很多垃圾，对环境有一定影响，另外竹筏集中生产也能保证效率和生产质量。

项目基地在乡村环境当中，通过其旁边的一条公路可以进入这块场地，周围都是农田和山。这个基地实际上是在一个高台上，比别的地方高出四五米，它后面有一个茶厂。

我们的设计主要由三部分组成，建筑共有三栋：一座一万多平方米的仓库，每年储存两万多根毛竹；一个加工竹筏的车间；还有办公和宿舍楼。我们的想法是，把建筑布置在场地周边，中间围合出一个广场，因为每年的冬天要花两个月的时间把两万多根毛竹晾干，所以需要很大的开阔场地。从高度来讲，建筑应一边高一些，另一边逐渐低一些，面向田野时是开放的姿态。总体布局最主要的考虑因素是风向。我们在最开始设计时，做了一个风向分析，为什么呢？因为毛竹要在这儿放一年，保持干燥、通风是十分重要的，否则它们会腐烂，所以仓库朝向要对着主导风向，包括竹子摆放的方向也要对着主导风向。我们沿着主导风向排开了仓库。

仓库里的竹子放在像书架一样的隔架上，斜着摆垒。这里的竹子是私人财产，排工自己买竹子然后存放到这儿。因为竹筏加工的时间不确定，所以竹子不能全都垒在一块，必须像书一样，可以随时拿出来一些进行加工，很像图书馆的书库的设计。立面的折线锯齿状，是由混凝土空心砌块来做的，它本身可以通风，并对着竹子的方向，使得风能从竹子的缝隙穿过。沿每层楼板出挑的房檐可防雨水进入，同时四层房檐在立面上形成连续的横向线条，以加强建筑的水平感，弱化扁平的四层高度的压迫感。在仓库的设计上，我们把它做成一

武夷山竹筏预制场大车间与办公、宿舍楼全景，苏圣亮摄影

个斜坡45度的布局，这样做主要是考虑能够缩短建筑的进深。毛竹长约9米，如果平着排开铺放，建筑进深就得27米，采光、通风会很差；而且这样会使建筑体量很扁，不利于场地布局。

车间主要是进行竹子烧制和竹筏加工的地方。我们把车间分成两组，呈L型布局（大车向东西向，小车向南北向），中间通过连廊联系起来。竹筏加工时，现有的传统作坊分三道工序：首先要用火烧制竹尾并将其弯曲；然后以同样的工序处理竹头；最后把烧过的八根竹子绑在一起，制成竹筏。新的车间也是围绕着这个生产流线来设计的，还要有烧制竹尾竹头所需的空间，地面还要下沉设计，这样竹子弯度会更大。因为竹子有9米长，水平横向传递会比较方便。一个工作单元包括：首先，竹子从一个入口进来，在第一个空间里进行准备后，进入第一道工序——烧尾；接着，交给第二个人烧头；最后，交给另外的人进行绑扎，并将竹筏从出口运走。三道环节的工作区域整体呈平行的布局，三个这样的工作单元组织在一起，形成一个工作区。运竹子和竹筏的门用的是卷帘门。

根据竹子长度和工作需要，加工车间有 14 米的大跨度。我们在车间后方做了一些公共的休息区，相当于一个辅助性的服务空间。因为后方的外立面必须是一道防火墙，跟旁边要隔开，所以正好在这里通过庭院进行采光通风，在一个大的空间里也营造出了一些小的比较亲和的舒适空间。从结构和建筑方面考虑，因为车间跨度很大，所以竖向结构的进深很大，柱子进深达 1 米，于是我们把建筑的墙体做成了可以用的空间，将座椅、消火栓等整合在墙壁下半部，烧制竹子时也可以在这里休息；上半部的墙体则用混凝土砌块，可以起到通风作用。我们把这些墙称为"服务墙"，主要的空间也因之非常干净、完整，这是我们从平面上进行考虑的结果。

　　从剖面上来看，在屋顶上设立高起来的朝北天窗，这样可以避免直射的眩光，将来可以形成漫射光。局部的屋顶是平屋顶，下方正好是进行烧制的区域。为什么这块要做低？因为烧制竹子时人的注意力会集中在火点——比如说，我们在案头工作并不需要一个特别高的空间，因为注意力就在你眼前的范围——而且火点本身就亮，因此不需要特别亮的自然光线。到了绑扎时，空间是另外一种氛围，光线会从高的地方进来，让人更放松。这样一来高的地方和低的地方会形成鲜明的节奏感。另外从剖面上来说，建筑形态和人的需要也是相对应的。竹子加工过程中有火，会产生很多烟，但车间不需要保温，而且武夷山区也不冷。所以，我们在高出来的两端部分，利用空心砌块的方式来通风，两边风可以对穿，有利于把烟排走。车间虽还有排烟的烟囱，但我们希望它尽可能多地通过自然方式排烟。在局部处理上，很多地方都是不封闭、可以通风的。这也是基于当地低造价和低技的策略。这个项目造价大概只有 1500 元一平方米。将来这儿会有很多人干活，所以车间外也有一些座椅。

　　另一个车间后立面朝北，有非常好的自然景观。其天窗形态和刚才的那个车间不一样。之前的天窗朝北，以避免直射光，这个天窗是东西向，同样也是为了避免直射光。

　　入口部分的办公楼，二层是宿舍，一层是办公室。一层有一些竹椅的制作空间，前方是未来仓库的位置，由于现在没有钱，仓库还没有建。办公楼侧面朝南，正面朝西，武夷山夏天很热，我们用竹子在正立面做了一个可以遮阳的外廊，吊

武夷山竹筏预制场的车间内部，苏圣亮摄影

武夷山竹筏预制场的车间内部

武夷山竹筏预制场的办公楼与楼梯

顶局部用的也是竹子。这个建筑和刚才的车间有点不太一样，它有保温的要求，所以其结构是不外露的，看不到混凝土和梁，完全被砌块墙包起来，有些镂空的地方是为了通风。从二层的餐厅可以看到外面的景色。

　　当地的混凝土施工水平远远低于我的想象。武夷山是一个发展农业和旅游业的地方，工业基础很差，当地施工队基本上没有什么太多大工程的经验，他们过去做混凝土全都是现场搅拌。我们项目的要求是做商混，他们也是第一次浇商混，对他们是一个挑战。当地建造条件对建筑本身还是有很大挑战性的，的确不容易。我们开玩笑说，最后这个项目的混凝土被逼成了粗野主义。一开始我们没有想做得这么粗犷，最后被逼成了这样。但是后来想想也对，因为这地方就是这么个条件，如果真做出太细腻的混凝土，反而脱离那个地方的状态了。我们的驻场建筑师在那儿待了五个月，就是为了控制现场。因为在这种建造条件下，要想实现我们的想法的确很难，跟施工方每天都要斗智斗勇和沟通交流。

意大利博洛尼亚老建筑立面

　　以上是我们做的一些项目。最后我想跟大家分享一下我对建筑的一些想法。2002 年我在意大利博洛尼亚看到一个老建筑的立面，觉得特别有意思，它对我影响很大。这个建筑很明显经历了多次改造，不同时代的改造累叠在立面上，这是时间演变的结果，而不是建筑师设计出来的。它很神秘，比如它上面的圆窗、拱、开窗，我们无法解释它们是怎么形成的。但是我却可以说，它是由人的生活决定的，不同时代住在这个房子里的人，其需求外化成了这个建筑立面。建筑师往往把建筑理解为一种形式。我觉得建筑不仅仅是形式，最重要的是场所。对于这个立面来讲，每一个窗户其实都是一个场所，每一个局部后面都是一个场所，都有一个故事，都有一个人的生活和需求。所以我觉得，做建筑还是要回到最根本的场所问题——空间和人到底是什么样的关系，而不是单纯地考虑形式。如果单纯地从形式出发理解建筑，有的时候你会觉得无从下手，而且往往会忽略更本质、更需要考虑的问题。这就是这个建筑立面给我的启迪。

　　同时，我觉得时间在这个建筑立面上所呈现的状态，也体现了建筑更为完整的一面。建筑是有生命的，建筑师只是把它做出来，但它还要经历几十年、上百年的历史，有自身的生命，它的历史不是建筑师能控制的。因此，设计师在设计时要考虑它的未来，而不能漠视，只有这样，建筑才能更加有意义。

问答部分

Q1：非常感谢您精彩的演讲。我知道您挺喜欢一句话：如果想要真正理解山，必须去用自己的身体丈量山。我想问的是，旅行对于建筑的意义是怎样的？如何在旅行当中学习做更好的建筑？

华黎：这是一个很好的问题。我觉得建筑师在旅行当中能够学到很多东西。我个人的体会是，旅行是建筑师最好的老师，远远胜过你在书本上学到的东西。但旅行时你要学会观察，旅行并不是走马观花，应该能够提出一些问题，带着问题去观察，这样才会更有收获。建筑最终回到体验，体验是你自身的经历。每个建筑师做的建筑都不可能是完全客观的，都是他个人主观经历和情感的凝聚，一定带有个人色彩。我觉得从学生时代就应该多花点时间去旅行，多观察，这样对日后成为一个好的建筑师会很有帮助。

Q2：今天看了您所做的作品之后，我注意到了与自然连接的建筑，它是从自然当中生长出来的建筑，我感觉特别兴奋。但是我对您其中一个作品稍微有一点疑问。在孝泉镇民族小学灾后重建的项目中，您使用了混凝土以及和混凝土颜色相近的砖。混凝土本身有一种凝重感，也有一种时间的凝固感。除了在造价、现实条件约束之下才用这种材料外，您是否试图运用这种材料向孩子们、向社会传达一种信息，表达对灾难的回忆和铭记？因为我感觉小学的气氛应该是活泼的、有希望的。

华黎：其实用混凝土更多是出于一个比较自然的选择。第一，我们要控制造价，要尽量选用当地能做的方式。第二，我们设计的出发点是要用空间的丰富和多样性来体现一个不同的学校。如果空间很丰富，我认为材料可以很简单。混凝土可以营造一种比较抽象和纯粹的空间，而且从安全上来看，它不会像那些贴面的材料，地震的话那些贴面会被甩下来，容易伤人。

我已经被问过 N 次你问的这个问题了。为什么在小学用混凝土，我觉得就是因为没有人在小学里用混凝土，大家觉得这个材料太沉重了。但是反过来想，这未尝不是一种偏见——难道小学一定要是彩色的吗？一定要五颜六色吗？我觉得不一定。我是这样理解的：空间本身如果够丰富，它就是一种色彩，不需要再用材料的色彩去体现。这个建筑建成三年以后回访，我看到这种材料还有一种好处——它特别耐久。由于当地的气候，那些有涂料的建筑，两三年后会显得特别破败、衰亡，而混凝土有一种历久弥新的感觉，比刚做出来的感觉还好，摸上去有种熟了的感觉，所以我觉得这个材料挺好的。

我在清华有一博士学妹，她现在也来现场了。她去那个小学做了回访和小学生的调研，可以请她说说这个问题。

现场嘉宾：这个调研项目的题目是"身体与建筑"，我们到这个小学与 20 名小学生对谈。我发现，他们对这个建筑中最敏感的就是这个材料，他们非常喜欢这种混凝土材料。这种材料的手感非常光滑、非常好。我会问他们："这个没有白墙漂亮、干净、整洁，你们为什么觉得这个更好？"他们说："这个有古老的感觉。我们以前学校的彩色砖都是一个色的，而这个不是一个色的，会有变化。"他们的眼睛很尖，上面留下的痕迹他们都看得很清楚。我采访了 20 个小学生，其中只有两人认为这个颜色太灰了，剩下的孩子都说这里非常宁静，跟以前的小学不一样。他们的感受还是挺出乎大家意料的。

Q3：今天的题目是"起点与重力"。"起点"这个词在您不同的项目里面所指各有差异，跟生活、跟场所紧密相关。比如那个食堂的小建筑，您说关爱的感觉、大家聚在一起的情感是您的起点；半山取景器很轻，您描述它是"见缝插针"；在民族小学中，孩子们丰富的生活是最重要的；还有竹筏工厂，更多的是工艺上面的限制。您有没有对您的"起点"做一个总结？您持续对它关注的角度是什么？

华黎：其实"起点"在我看来就是建筑师提出的第一个问题。我觉得所有的设计其实首先都是从一个问题出发的。你在建造中首先会问一个问题，显然每个项目里的问题不一样。但我做的这些建筑中，每一个问题最开始都跟人的需求相关。比如说小食堂是为了营造一个有凝聚感的空间；比如说半山取景器是为了营造观海的空间。我觉得建筑不管是什么形式，最终还是要回归到跟人的关系，这是建筑最本质的特点，因为建筑离开这个就成了雕塑或纯粹的空间艺术，就不是建筑了。但是你会在具体的项目中有不同的挑战。你经常会面对不确定的功用，因为业主也不知道一些空间到底要干嘛，他很多时候会说："你先做一个吧，然后我们再看看怎么用。"一般碰到这个情况，要么我们就不做，要么就得聊聊它未来的可能。如果想法脱离了人的需求，建筑是无从下手的。对我来讲，我不会完全从形式出发做一个建筑。所以我觉得"起点"就是针对人的需求提一个问题，一个好的问题胜过所有的答案，关键就在于提出的问题。

Q4：您好，您对结构有怎样的看法？

华黎：结构的空间关系是建筑师经常要面对的问题。建筑结构可以表达建筑本身的逻辑或者说它自身的特性，但是不是所有的建筑都能做到表达结构本身。我觉得现代建筑越来越难做到。为什么？因为保温的要求、舒适度的要求等。现在的构造越来越复杂，往往最后结构作为骨骼是要被包起来的。所以你最后看到的建筑形态往往是完成面，它营造了一个更抽象的结果。比如说，你在立面上能看到结构和填充墙的关系，但这往往是假的。因为结构里面有保温，而外面又加了一层挂板，你看到的也许只是一种形式上的表达，并不完全是结构和表皮内在逻辑的表达。

　　前一段我去悉尼歌剧院有一个体会：如果一个建筑能把它的结构表达出来，这个建筑就会很有力度。这个建筑不光有空间和造型，而且还有结构。你进去之后可以看到混凝土的肋架和落地结点，你会觉得这个建筑很有力量，这是结构带给建筑的。如果把它都藏起来，它就是一个纯粹抽象的东西。

Q5：在您做方案时，可能会有很多想法，在施工时又会遇到很多问题。施工条件对于场所的把控，您从业这么多年是否有什么特别的体会？特别是在施工水平十分受限的情况下。

第二个问题，关于起点。您说的人的体验，更多看重的是广义上的人还是特定的人，这个特定的人也许是甲方，也许是你自己。

华黎：第一个问题，我觉得场所和建造并没有特别直接的关系。在我看来，场所是由空间决定的。建筑因为施工条件的制约，其完成度相对差一些，但并不影响你对场所的营造。场所应该满足人的行为，包括心理的需要，它通过空间设计来体现，我觉得这是场所的意义。比如说小学的窗台高度对人就有影响，因为你坐着的时候看不到外面，这就是场所的意义。

第二个问题是一个非常好的问题，我觉得这也是建筑师必须要面对的问题。场所的意义到底是来自于个人的体验，还是来自于大多数人的体验，如何界定这个东西。我觉得至少这个问题在我现在看来没有答案，因为每一个人对于场所和空间的体验，应该说都是不一样的。当然，有一致的地方，但一定有不一致的地方。建筑师做的建筑一定是他个人主观的投射，搞不好建筑师会把自己的想法硬加在使用者的头上。这是肯定会出现的情况，而且这种现象比比皆是。因为它是你想出来的，而你想出来的东西又是来自于你的体验和生活经历，但对于使用者来讲，它可能会是另外一种状态。所以说建筑里面一定存在一种矛盾，就是建筑师的主观投射和最后使用者的需求，如果二者能够很好地契合，我觉得它就是一个相对比较理想的状态；如果不能契合，可能这个建筑最后会避免不了被改造的命运。

権宜实践：关于建筑的想与做
—— 刘珩

刘珩

　　美国哈佛大学设计学博士，美国柏克莱加州大学建筑学硕士，香港南沙原创建筑设计工作室（NODE）主持建筑师、创建人，兼任香港中文大学建筑学院副教授。2007年入选《文化中国》建筑类年度中国文化先锋人物。2012年刘珩和她的事务所南沙原创NODE，与日本建筑师石上纯也（Junya Ishigami）及美国等国家的五家事务所，被共同提名参与"奥迪国际城市未来设计大奖"（AUFA）的角逐。

　　各位同学，大家好！很荣幸能来中央美院进行演讲交流。其实这次来美院演讲我也是为了放松一下，因为过去半年我都在专心地做深圳双年展的项目，从设计到施工只有四个月，容不得做其他事来放松。这次有机会跟大家交流这个项目感觉很荣幸。我从本科到硕士再到博士都一直主攻建筑。但我并不完全只是在做学术，也有很多实践。1994年硕士毕业之后，我受到香港霍英东集团邀请回到广州在南沙新城开始实践，我的第一个作品是在1999年完成的。中国经过这么多年快速的城市化发展，建筑有时变成了一件很盲目的事情，特别是在新城建设中。这种盲目造成城市变为了建筑物件的堆砌，而这些物件缺少灵魂，与人的生活缺少密切的关系。我在2002年至2003年建了好多房子之后，觉得自己有必要重新思考一下建筑和人、和城市的关系。在这个前提下我决定回美国读博士，我希望能够了解建筑之外的更大范畴的一些工作，例如建筑在城市化进程当中扮演的角色，在这个进程中建筑师是否能结合社会、经济、生态，在更大的背景下理解建筑设计的工作，因此我选择读了城市设计专业。2008年博士毕业回来后，我做了人生中另外一个平行的选择，就是加强研究。因为在建筑实践中你会发现，我们跟甲方、落地有很直接的关系，很难有机会与眼前做的事保持思考的距离，我希望通过读书、研究的方式抽身反思一下日常工作。研究从哪里切入呢？城市设计。因为城市设计是进入建筑设计环节的非常重要的出发点。

在这次演讲中，我把目前所做的工作分成几大块来讲。大家会发现这几大块之间互相联系，特别是价值观、理解城市的角度，以及建构等方面。如何通过项目使它们结合，这在我们最近的双年展作品里得到了集中的体现。

我演讲的题目是"关于建筑的想与做"。"想"是形而上的阶段，而"做"是形而下的事情，要把形式化的东西变成现实当中的作品，这其中需要很多工作。轻都市主义（Urbanism & lightness）代表了我工作的两个状态。"都市主义"是说建筑必须接地气，要跟人和城市发生关系，了解人是怎样生活的，理解人和城市里公共环境的关系。"轻"是说建筑应举重若轻，我们如何在吸收城市中的历史元素、文化元素，甚至是跟建筑相关的材料等元素之后，能够把一个很结实的东西转化成一个"轻"的形式。

我们事务所过去几年一直在四个方向努力：总体规划、城市设计、建筑设计、室内设计。其中我比较感兴趣的是城市设计，更关心城市基础设施和公共空间界面，它们一旦成为我们方案的方向，剩下的就是建筑的本质，即如何建造它。我们事务所一直都在这几个关键词里寻找灵感和突破。

在这个过程中，我们也会反复进行业务上的探索，比如每个阶段我们应该注意什么。目前方案阶段是我们的工作重点，因为我们的方案形成过程跟很多其他的建筑师不同，经常会把结构或者城市设计范畴的东西拿来借鉴。几个项目之后，我们会探讨工作方法。从2008年博士毕业到现在，特别是过去五年，价值观、研究、实践、建构、跨界成了我工作的几个关键词。我认为价值观是其中最重要的，特别是在中国城市化语境下，建筑师如何成为社会文明进步的促进者，这是我在思考的问题。

在珠三角的实践

广州南沙科学展览馆

我的事务所一直活跃于珠三角区域，这是一个城市非常密集的地方。我硕士毕业之后到南沙工作了很长时间，可以算是"八年抗战"。最早建成的六个项目都在南沙，这几年才搬到深圳，同时在香港教书。我一直扎根于珠三角，并没有固定在某一个城市。作为建筑师，霍英东先生给了我第一份工作，让我在南沙新城做设计部的总监。

我在很多地方演讲时，都会首先讲到广州南沙科学展览馆，因为这是我的第一个项目，是我 28 岁的时候一个人领头盖起的一万平方米的项目。当时硕士刚毕业不久，一腔热血都倾注在这个项目里，之后的很多建筑方向都是从这个项目

南沙科学展览馆

开始的，慢慢了解了自己的兴趣到底是什么、擅长什么、将来跟什么人合作会获得更多灵感、怎样把这些灵感转化到建筑创作里。

这个项目中，我首先要感激装置艺术家。我觉得南沙科学展览馆不单纯是科普教育的场所，也是提升大家艺术素养的机会。我也因此希望和艺术家合作，把他们的艺术灵感转换成永久的建筑语言。

这个项目是我一个人与一个助手，两人工作了三年半才完成的。可惜现在大家没有机会看到了，因为霍先生走了以后，我们经营的艺术、文化项目由于没有运营者而被废弃了。这是一个比较惨痛的教训，也是一个很严肃的问题。

除了建筑以外，我们还参与了室内设计。那时候我刚从美国回来，充满激情，像咖啡厅，甚至里面的家具都借鉴了罗伯·威尔森（Robert Wilson）的风格，他也是建筑师出身。他曾经创作过一个戏剧，叫《爱因斯坦在沙滩上》。我觉得这个题目很有意思——这么严肃的科学家怎么会在沙滩上！我也希望这种科学和休闲、无厘头的感觉在我的作品里得到体现。

对我来说，这个阶段也是建筑师的一个理想阶段，因为我就是甲方建筑师，所有想象都能很直接地转换成现实，我也控制着费用支出等，没有其他的条件限制。我早期的很多理想都通过这类项目毫无障碍地实现了。

步入社会的第一份工作很重要，要慎重地考察你的第一家事务所，思考你想做什么。当时令我受益匪浅的是合作的结构工程师，也是我美国伯克利的同学，他有建筑和结构双学位。南沙科学展览馆这个项目里，结构工程师的作用非常大，并且从概念设计方案阶段就开始介入设计。

科学馆的屋顶是用 8 厘米的构件搭建起来的跨度为 24 米的钢结构，整个结构非常轻。我当时想科学馆必须有一个非常具有前瞻性的结构系统，并且它自身的科学逻辑也要非常清晰。这种逻辑不仅在建筑设计里是合理的，而且对来科学馆参观的青少年也有直接的教育意义。由于这种结构完全暴露在室内，所以它的结点也是很重要的室内装饰构件。我不喜欢多余的装饰构件，希望结构本身就是美的，这种理念一直延续到我之后的作品中。为此我们做了很多调试，包括细节的讨论和放大比例的模型。

这个过程反反复复，占用了方案阶段很长时间，最后成果转化成 1 : 1 的放

南沙科学展览馆内部结构

样。15年前中国钢结构全部是手算的，而且带有一定的实验性，我们选择了跟广州造船厂合作做1：1的放样。最后正式施工时，都是在广州造船厂完成预制，然后运到南沙现场组装完成。我们的团队包括两位结构工程师、两位设计师，还有现场的施工管理人员，几个人就把一万多平方米的科学馆给建成了。

多年在南沙的实践，包括后来做的世贸中心三万平方米的服务公寓，开启了我对城市的理解。比如在一个荒无人烟的地方，如何通过一座建筑建造一座小城市；除了住宅，如何把饮食、休闲娱乐及办公场所放在一个办公楼里面去实现。但是南沙八年的经验让我开始思考：作为一名建筑师，我们是在建设一个乌托邦吗？在一个很宽阔的地方建立一座跟人没有关系的城市，比在繁华的城市多建一两座房子会更有用一点吗？在这个前提下，我觉得南沙实践应该告一段落，希望从学生角色再去理解城市和人的关系。于是在2005年我参加了广州三年展，把八年的经历做了呈现，算是对南沙实践的一个总结。

广东时代美术馆（2005）

　　2005 年广东三年展上，策展人侯瀚如先生邀请我加入他的团队。我作为库哈斯（Rem Koolhaas）先生的在地建筑师，参与到时代美术馆的项目。在我参与的项目里，这是建筑介入城市化的第一个最鲜明的案例。时代美术馆是时代地产的一个项目，它的定位不像广东美术馆那样是省级美术馆，而只是社区级美术馆，所以当时选址是在远郊的一个很高雅的门禁小区内。项目开始前我们思考很多。按照一般建筑师的思维来说，美术馆是最好的展现自我能力的机会。像广东美术馆，在最奢侈的地盘建一个重要的建筑物，或者像弗兰克·盖里（Frank Gehry）在毕尔巴鄂最重要的场地建自己的理想建筑。但是我们的策略刚好是反象征性、反占有性，因为社区美术馆需要跟人发生关系、跟他们的日常生活发生关系，而

时代美术馆展览内景局部

非一个标志性、象征性的建筑。所以这个项目的出发点是回到社区本身。我们没有选择空地，反而选了一个典型的高层住宅，然后把三千平方米的社区美术馆转化成四个层面，把它重新嵌入高层住宅，通过几个电梯把四个美术馆的不同功能场地连接起来。美术馆作为一座单体建筑其实是被消解了，但是你赢得了什么？与社区生活更加紧密的联系。因为人们每天下班之后除了可以回家之外，也可以经过美术馆进入另一番天地，它给了人们的生活另一种选择，这种选择不是很特意的、目的性行为，而是日常性的多样选择。

在功能上，我们把三千平方米的美术馆分成了四类不同形式的空间，而且分别跟美术馆的创作功能有很直接的关系。最重的部分，如设备，我们放在地下一层，这从承重角度来说也是合理的；入口在一层，跟住宅的公共空间有交互；中间（14层）是艺术家的艺术驻留空间，艺术家会花几个月在这个地方工作和生活，所以它必须是一个居家型的创作基地；顶层（19层）才是美术馆的展示空间——一个很大的展示厅（长达100多米），它还分出了三个小平台，可以俯瞰整个广州市的风景。麻雀虽小但五脏俱全，美术馆需要的所有功能都在其中有所满足，而且通过不同的形式嵌入小区内。

艺术家工作室是在中间的14层，我们直接买了两套住宅来进行改建，艺术家们创作完后直接坐电梯到19层能够进行展示。公众也可以通过楼中的一个电梯上到19层看展览。从剖面来说，地下有部分小型创作室，1层有跟城市的相接界面，2层还有一定的办公区，14层是居家型创作基地。但是当艺术碰到现实时，会产生很多问题，建筑师的想法总是过于理想，但是一转到现实，就会遇到消防、社区公众参与、噪音等问题，所有这些甚至还会转化成法律问题。这个项目历时三年多，库哈斯先生只来过两次，第一次是做方案介绍时，第二次是他出马跟广州市规划局局长谈判，为这个有益于大众的事情争取一些权利、突破一些规范。最后我们在只增加了一个电梯的情况下，把这个公共的社区美术馆建起来了。完工时，库哈斯先生并没有来，但是他两次关键的出场解决了很多问题。

美术馆开幕的时候，人非常多。因为只有一个电梯，每一位观众都要等两个小时左右，才能到达19层、20层。当时我们也傻眼了，没有想到社区美术馆会这么吸引人。但这只是非常态，只有开幕时才会发生。

这个项目一开始的出发点并不是建构的问题，而是一个社会问题——建构社区型美术馆，如何把"专制型"美术馆变成平民化的、生活化的美术馆。这个概念转化成建筑语言其实也可以非常简单，即把美术馆打散成几个板块，通过基础设施连接起来。一旦将这种集中式的展示方式根据功能的需要变成灵活、片断性的呈现，它就可以跟周边发生联系。所以时代美术馆项目其实是打开了建筑的另外一个领域——跨越界限，这种跨界丰富、强化了建筑师的创作语言。

这个建筑并不是一个多么漂亮的建筑，但至少有示范作用，原来社区美术馆可以这么做。

以上两个项目，一个是注重建筑本体语言展现的科学馆，另外一个是强调与社区互动的美术馆。它们都是公共展示的空间，都建在快速的城市化进程中被边缘化的地区，但是建成以后它们的命运是很不一样的。科学馆慢慢被人遗忘了，而时代美术馆随着周边郊区发展起来以后，发挥了重要的社区教育作用。

深圳华强北竞赛

2009 年我再次"出山"进行建筑实践，并把整个事务所搬到了深圳。深圳是中国城市化最快的地区之一，香港 150 年中只有 30% 的土地被城市化，而深圳已经有超过 75% 的土地完全被城市化。在这样的环境下，我把思考的范围放大了，想理解这些事情是怎么发生的。于是，我回到学校带研究生的设计课，继续研究城市的问题，探索在快速城市化的过程中城市以及建筑师要面临的问题。在这个阶段我希望多看、多提问题，尝试在发现问题之后能用建筑师的语言来化解。从 2008 年到 2013 年我带了五个团队，把珠三角的城市都研究了一遍，接着把注意力放到对珠三角的整体思考上。

深圳华强北是非常典型的城市化区域，人、车、物、交通，所有东西集中在一起，一平方公里内都是高度密集的城市景象。过去被边缘化的地区现在成为深圳的中心商务区，中国电子市场最强大、销售额最高的地方。

当地政府当时只是想解决交通问题，希望建筑师解决拥堵的问题，但是建筑师不应该只满足政府的需求，况且拥堵的问题往往是周边很多因素共同导致的结果，因此我们把研究放在一个大的范畴内来进行。我们发现，当把整个系统的框架搭好并规范化以后，这个系统就会形成有组织化的密集体，并且在单位空间内还可以放入更多的东西。所以解决城市拥堵的问题，并不是只能疏散，而是要解决形成拥堵的系统性问题，比如说道路路网、业态组合、人和物流之间的关系，研究清楚之后再重新建立一个结构单元，它便可以解决很多问题。这是我们理解城市的出发点，也是在更大范围内探讨城市的弊端和问题。

与拥堵的城市化形成对比的是，农村人口跑到城市去创业，空置的村庄又需要建筑师来设计。由此可见我们的工作不仅仅是解决城市化人口高密度的问题，也要解决城市化带来的村庄空置的问题。

2009年搬到深圳的这四年多，几乎每个项目都会给我们带来一些新的灵感，而且这些灵感都来自不同层面的问题。这也要感谢我博士阶段积累的学习方法，即充分理解为什么要做这件事情，想不清楚就不做。比如说做学校或者美术馆，我会想为什么要做这个美术馆，它除了形式上的东西，能否给周围社区带来更多的日常性的附加值，这才是公共文化设施所应起的作用。

城市设计与建筑的搭接

都市厨房

我们多年的实践和思考主要围绕大尺度的城市设计展开，但后面的三个项目关注的是城市设计与建筑的搭接。

成都东部新城是一个典型的中国新城的建设模式，占用了几百平方公里的绿地，功能布局由很典型的居住、商业、教育、文化用地所组成。柯布西耶提出现代城市模型之后，直到现在，城市建设大都追求高效率、现代化的规划。但是柯布西耶的模型造成新区发展的一个很大弊端，就是以效率主导的发展导致了人的缺失。针对以汽车为主导的效率城市是否能够把人放在首位这个问题，我们提出

《都市厨房》，成都建筑双年展

了"都市厨房"的概念，利用一个"交通消极"的场地把原来的农田请回到城市
里，使其变成积极的生产基地，同时它也作为公共文化设施承担了社区所需的公
共功能。我们希望在这个项目里做到两个理想和两个现状的平衡："两个理想"指
政府理想的新城和生态理想的农田，"两个现状"即人们现在的新城生活和过去
的生活。同时，我们也重新统筹了与现在的公共设施相关的绿地，把它规划进一
个两千米的、连接两个地铁站的公共走廊，取代了大而空的城市规划模式，并且
把农村分解型的生产用地和城市分散布局的各种功能区整合成一个集约型的公共
用地。最后，我们做了一个1:2000的模型，把两平方公里的大型城市浓缩体放
进来，又将一些农田架空，填上了许多社区活动中心。这种类似乌托邦的研究项
目最后出现在2011年的成都建筑双年展上。

《都市厨房》，成都建筑双年展

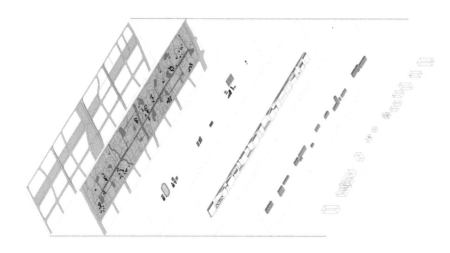

塔楼
tower

公共建筑
public building

巨构：商业/步行街
MEGA Structure
commercial/pedestiran

运动场与开放公共空间
stadium/open public space

农田与村落
agriculture/village

下沉道路+地下停车场
underground road/parking

"互-基础设施"，深港建筑双展（2011）

　　这是一个研究项目，重点是将污水处理厂的设施和社区的工作、生活结合在一起。项目前期的工作偏研究方向，思考了很多建筑以外的事情，但最终还是要回到建筑，将研究转换成建筑语言。我们把污水处理厂和社区日常的水处理方式、管道排水量和最后水循环之后的用途进行量化、分解。"能用水做什么"这个问题可以放在城市的不同空间思考，如可以作为娱乐用水、日常饮用水、浇灌用水，有的直接进入污水处理系统进行排解。

　　所有的分析都会演变成空间化的一些具体元素，它们之间的连通方式可以从集成线路板取得一些灵感。这样，所有研究、分析的数据，以及形式的灵感全部化作对面积约一平方公里的社区的全面改造，使污水处理厂和居住社区形成互相交织的关系，而非明确的割裂形式。最后，我们带着这些思考，以及三维效果图、

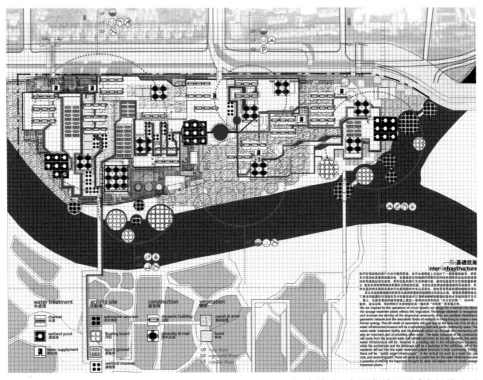

污水处理厂与居住社区形成交织的关系

水基础设施三维效果图

水基础设施场地模型

水基础设施场地模型

场地模型在 2011 年的深港建筑双年展上进行展示，这个基础设施的研究还登上了双年展的论坛。这个项目也代表我们日常的众多工作方向之一——重新思考城市的基础设施，包括突破既定的规则。建筑师是有智慧去创新的，但是要给自己这个机会，否则可能会被政府拿去做简单化、粗暴化的处理。

"都市厨房"和"水基础设施与社区的互动"这两个概念，让我觉得建筑师可以有更大的平台去思考经济和社会的问题，我们团队从中受益无穷。

"困""闲"

2012 年我们很荣幸地参与了奥迪的"未来城市"大奖赛，并很幸运地跟全世界最为优秀的几个团队进行最后的竞选。这对我来说是一个把之前的工作进行总结的好机会。城市的基本问题是什么，如何把经济数据、人口数据、生产和消费的数据变成视觉化的理解方式，这些比我们以往做的研究范畴要更大。讨论城市的未来，首先要知道它从哪里来，这又回到方法论的问题。我从中国文字出发，找到一个"困"字，把一个生命体放在一堵围墙里，就形成一个困境，这是很直观的表达。城市也是这样，在建筑拔地而起的同时也围住了很多不同的生活。

中国的象形文字都和生活有关，其中蕴含很多道理。城市也有有形又无形的边界——马路，为了高效所产生的边界。城市居民都是在边界里面生活，这种边界在过去 30 年还在不断扩张，高度也在不断增加。解决未来的问题，我觉得不完全是依靠技术，还要思考无形——有形边界的可能性。在这样的思路下，我想到了和"困"很相似的一个字"闲"：开一道门，生命就有了呼吸的可能、成长的空间。

我们以同样的思考方法来分析道路的组成。我们发现物流、与人相关的日常车辆以及人的日常生活构成了道路的边界。如果我们把物流和与人的日常生活不是那么密切相关的部分放置到另外一个空间里，不和城市里的人竞争生存空间，是否能够创造一个新的空间？这样逐渐弱化道路的边界，使得原来一些有生命力的东西更有生命力。过去分割的道路空间在某种意义上造成了现在很多的城市弊端，如何解决呢？我们参考了 iPhone 的产品思路——拆解。手机有这么多的功能，但是都被隐藏在界面下面，跟人直接相关的只是界面上的应用图标。iPhone 这么小，但它有很多应用界面，就像人跟物流的交互可以只通过地面的"界面"来发生关系。所以是否也能这样思考城市：把 iPhone 类比为城市，交互界面好比地面空间，也是人可以直接使用的空间，把物流这类与人不是直接互动的活动放在地下？进一步思考这个理念，会得到这样的城市界面：上层是人控制的城市天际线，地下是物流的交换空间，介于地下结构与人的生活界面之间的空间有很大的可挖掘性。我们利用深圳市中心一平方公里的范围做了一个界面，所有的物流都放在地下的空间。我们把这个很美好的愿景在土耳其做了最后的展示，包括模型和一个很好的视频，以及有关"困"和"闲"的研究与思考。

　　这些都是我关于城市设计的一些思考。我在这个方向上做了很多研究，而且很多研究是建筑师不能单独完成的。作为建筑师，我的本职工作是如何将自己的实践与过去的研究形成内在的关系。

关于"轻"的实践

　　我早年在美国留学的时候，所有暑假都会去看古罗马的建筑、柯布西耶的建筑，对光影、色彩、质感、结构，以及地域性进行思考。在芬兰，有一个建筑师叫埃里克·布里格曼（Erik Brygman），他做了一些很有意思的形而上的事情——如把日常性的事物进行智慧的解读，把设计教堂这件很崇高的事情日常化。再比如说，他通过对当地植物的理解，选择一些植物让其爬在教堂上；火本来是消解生命的东西，但他用植物的生长来象征火的力量。通过这类细节，人们能够体会建筑师的理想和修养，以及他在形式上的天赋，这些对我的建筑创作有很大的影响。1990 年代我连续三四个暑假都到欧洲去看不同的建筑以吸收经验。我所吸收的营养里不仅有现代主义的精华，也有很多古典主义的宝藏。比如说万神庙，那么大的空间只有一个没有天窗的光洞；比如朗香教堂，教堂立面虽然很小，但屋顶光的变化却这么丰富，建筑师的心思恰到好处地体现出来。

　　我也非常喜欢皮娜·鲍什（Pina Bausch），她舞蹈中很简单的动作却含有很深的哲理，还探讨了人与城市，以及日常用品之间的关系。我在大学期间，受安东尼奥尼（Antonioni）电影的影响，对电影里的空间性与时间性有所思考。这些东西给了我很多创作上的滋养。

还有一些人物也对我的建筑创作产生了很大的影响，比如卡尔维诺（Calvino）、博尔赫斯（Borges）、爱因斯坦（Einstein），他们都是能够控制"轻"的大师。这种"轻"不是简单化的"轻"，而是通过转化所形成的"轻"，就像书中的理论最后消解在论文里。一些建筑师的作品看着很轻，但实际上其所做的功夫是很多人看不到的。比如他如何跟结构工程师去研究，一片纸的东西如何靠着材料的密度、结构化，以满足一个长桌的荷载，等等。我一直以来对这些都很感兴趣，如何能做到举重若轻，让最后出来的东西看起来非常轻松，但实际上却蕴含了很多故事和努力，是需要经过多次学习沟通和转换才能达到的结果。这种"轻"的理念也是我对建筑与城市重新思考的结果，这与我之前的项目经验有关。建筑师应超越单纯对建构的思考，把在场性、人的生活，以及城市的复杂性都放在建筑中加以设计。

下面几个是我们已经实现的建筑项目。

成都醉墨堂

醉墨堂是成都的集群设计项目，我们负责其中一个两千平方米的用地。甲方很特别，希望做一个带有中国文化意蕴的现代会所，这是一个命题作文，当时我们抽签抽到的是醉墨堂。我们查了一些史书，发现原来其出处是在苏轼这里。既然讲中国文化，就要有中国文化的符号，这该怎么做呢？我当时借鉴了中国山水画的感觉，画中的水通过山石的导引，可以引申到另外一层空间，山和水之间不是简单的量化分割，它们共同完成山水画中空间的延伸。这很有意思。将本来看到的东西，通过一些简单的手法引出更多的空间。

所以，我在地面上做了一个水池，它能反射出屋顶，并跟周边连接起来，是一个很开敞的景观。方案做好后也确实吸引了业主，但问题是怎么实现，如何建构这个屋顶。我们又重新回到中国历史，甚至是日本大屋顶的做法，思考如何把

成都醉墨堂模型

成都醉墨堂内部构造

成都醉墨堂立面

屋顶元素加以化解。

　　我们做了很多工作模型，这个模型指导了施工，如柱子要放在什么位置，水面的跌落形成半地下的空间等。但是这个项目对于我们来说，可能只实现了60%的理想，因为在实施过程中，甲方施工队简化了很多东西。如木头变成了仿木砖；栏杆的设计本来就很简单，最后还变成了很光滑的玻璃壁等。很多细部都不是很理想。在中国，一名建筑师要学会以一种弹性的态度去处理一些工作。总的来说，虽牺牲了一些质感的东西，但大结构还能维持当时的预想。所以这个项目只能远看，不能到跟前去触摸，我觉得这也是一个遗憾。

为什么我这么喜欢强调质感？我想起了朗香教堂，它除了色彩、光，粗糙的红土让你有想触摸的欲望。同时，建筑师不仅仅是创造空间形态与质感，还要创造出一个可以让人感知的空间尺度。只有把握好不同尺度的切换，才算是一个合格的建筑师。

南京折房子

南京的折房子也是一个集群设计。很幸运的是，我们通过参加一些集群设计，有机会与很多优秀的建筑师一起工作，还可以组成集体力量跟甲方在很多方面，如设计、功能等进行探讨。

项目基地占地 500 多平方米，但是水平落差非常大，最大达 12 米左右。我们对场地非常敏感，因为场地可以给建筑师很多灵感，而建筑的出发点也应更适

南京国际实践展上的 11 号折房子模型

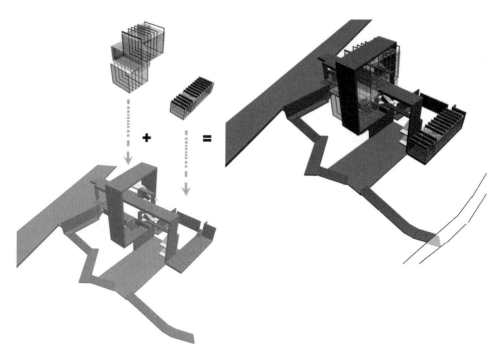

南京国际实践展上的 11 号折房子效果图

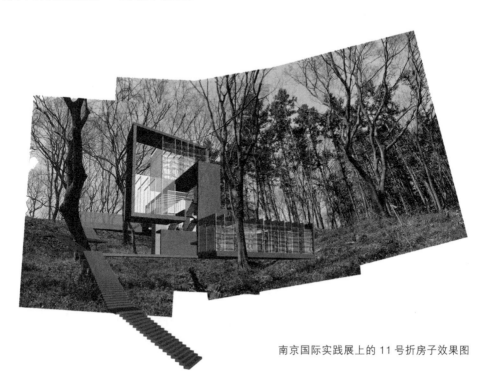

南京国际实践展上的 11 号折房子效果图

合场地的需求。来到这个场地后，我觉得比较重要的是景观的关系，比如如何使房子超越周围树木，让人能够望到树木以外的景色。所以落差成了我想解决的首要问题。为了解决这个问题，我用了一张纸来做草稿。

把一张二维的纸通过折叠的方式变成三维，若再解决落差的问题，它就变成四维的东西，这便是我们这个项目的出发点。我们就用这个方法，"折"起来了一个房子。这种"折"很快就变成现实中的结构支撑体。这个结构的支撑体其实发挥不了什么实际功能，功能体块还是要靠钢结构来做。这种"折纸"，除了结构，还要有一定的质感，所以我们考虑用红色混凝土，这样也会显得更有活力。我们当时用红色混凝土做了很多模型。这个"折纸"的概念，用纯粹的平面和剖面图很难看得清楚其空间关系，借用立体模型则会很有帮助。这说起来很简单，但折起来是一个很复杂的立方体，所以我们要不断放大一些细部去研究。到底折

还未建成的折房子

还未建成的折房子

叠的连接关系是什么，其他非"折纸"部分、系统结构要如何与它对接，这些都是我们要仔细思考的，包括围合空间材料的选择，以及跟基本结构之间的建构关系。总之，这项工程的前期工作做得非常多。我这个人喜欢系统比较清晰的组合，我觉得混凝土是混凝土，钢结构是钢结构，玻璃幕墙是玻璃幕墙，它们之间要有合理的理性色彩的搭接方式。

我们的甲方非常优秀，他非常理解这个理念，而且施工过程中也非常尊重建筑师的图纸和做法。包括 1∶1 的放样、红色混凝土的制作，我们专门飞到南京去看它的颜色效果及其尺度。像墙面上的分割到底是 12 厘米还是 8 厘米，是要看现场的 1∶1 的放样才能够决定的。可以看到，系统的清晰性在这个项目上表现得非常清楚，主要结构及其次要结构相互搭接而又没有必然联系。除了折纸的结构，我们还有另外一套混凝土结构来支撑，所以选择用它的原色来表达。

材料装置

纸上谈兵

除了建筑项目，我们还做了很多材料装置，并曾很荣幸地被人造石公司选中，要我们做一件装置艺术作品。人造石其实和混凝土差不多，都是流质材料，它可以硬化，但需要时间。我们对自己做的设计不满意时常会把方案图纸揉作一团，丢到垃圾筒里，其实等它慢慢松开之后，是一个蛮有意思的造型，而且这个造型是有空间的，有一种支撑结构。我们此次的设计灵感便来源于此。我们在想，人造石是否可以薄得像一张纸，但它同时还要有一个结构体，形成一个造型，而且本身这张纸也要具有一定内容，这便成了作品《纸上谈兵》的设计思路。它看起来很复杂，但是我们没有采用什么高级软件，就是把造型分成一块一块的三角形，用 Sketch Up 来建模。

那么《纸上谈兵》的内容应该怎么做？我们做了现场放样，过程很有意思。也是经过好多次磨合，努力把人造石的厚度做到最薄，但还是有 5 厘米厚。当时做的小样是 60cm×60cm 的，显得非常厚，但是做到两米时看起来便很薄。《纸上谈兵》上的字，当时刻出来感觉很笨重，而且几千个字放在上面，工作量也很大，我们觉得没有必要那么复杂。后来，我们采用投影的方式把字打到纸上，非常有意思。这张"纸"就像棋谱一样，我们的多媒体效果也是呈现下棋的情形，观众会在这里站很久，看棋子的移动。所以这么简单的一个造型，其实可以延伸出很多内容，而且这个过程确实是很有趣的体验。虽然这件事情很小，但沉浸其中，建筑师可以将其想象转化成公共空间的公共装置。

《纸上谈兵》，材料装置

我今天讲了很多，有城市设计的内容，也有对公共空间的思考，还谈到建筑本身的结构、建构、材料等问题。所有的这些似乎是分开的、平行的、没有联系的研究和实践工作，但最后我们有了一个机会使得它们能够相互契合。这就是深港双年展浮法玻璃厂的改造项目。

蛇口浮法玻璃厂改造项目

浮云主入口

这是一个很有意思的改造项目，场地原来是 20 世纪 80 年代的玻璃厂，原有两个仓库和两个厂房，2013 年成为深港双年展的展场之一。策展团队希望不要对厂区大拆大建，但同时要唤醒厂房的活动。南沙原创有幸承担了厂区主入口砂库区的改造设计工作。

主入口位于厂区一隅，并与厂区外的道路有近 6 米的高差。这里与未来的城市有较好的衔接，而且高差的优势能让人进入厂区时有开阔的视线。我一直觉得主入口这里应该有一种态度，一种非常"strong"的态度，表明我们关注过去，但更关注未来。那么如何在主入口向人们传达这种信息呢？这是需要建筑师花很多精力去思考的。入口处有一座没有什么特色的旧仓库，我觉得应该有新的东西架在这旧的房子里，让公共入口成为新和旧、过去和未来的穿越入口。

主入口处的"未来"应该怎么做？因为甲方很想拆掉这座旧仓库，再建一个新的空间。但是我们觉得没有必要，因为在旧的 600 平方米空间里能够做很多事情，新旧结合，既可以保留过去，也有新的东西加入进来。但是策展人对在旧建筑上建新东西有异议，怕抢了两个旧建筑的风采。在这个过程中，我们经历了两个月反反复复的修改。

我们做了很大的模型，1:50 的模型在办公室摆来摆去。我们很痛苦地做了几个方案，或是新建筑直接往上"长"，或让新建筑"长偏"，还将其缩小。最后的方案是直接在旧的房子里"长"出新的房子，而且它们的体量一模一样，只在细部做一些变化。我们也是在挑战，完全不知道未来四个月会出现什么样的结果，工期非常紧。这个方案直接用原来旧仓库的屋顶作为一个平台，向前走可以通过烟囱上外加的旋转楼梯下到主展馆。所以这个平台是一个非常重要的公共空间，它穿越在一个老房子和新房子之间，而且是一种非常自然的穿越。

所有的这些最后要转化成现实，好多事情就没那么简单了。最后的效果都是我们与结构工程师多次在现场测绘、讨论的结果。结构问题是整个改造中最大的挑战。原有的旧仓库为混凝土框架结构，承载力有限。我们反复思考与比较新旧结构体系，当时的关键问题包括支撑新建筑的柱子应该多粗，需要多少根才能撑起新的体量。我们用钢结构来制作柱网与新柱子，并将新柱子做成黑色、圆形的，用以区分旧的方形混凝土柱。本来柱子的尺寸是 $350mm \times 450mm$，但是我们认为钢结构的柱子必须要小于原来的混凝土柱子，才能体现钢结构的优势，所以我们和结构工程师协商，将其直径从 $400mm$ 减到 $280mm$，才有现场纤细的效果。新建部分要在结构上避开原有混凝土柱的桩基位置，需要打开旧建筑的地面，重新灌注一个基础，并在屋顶钻孔，让新的钢柱"长"出来。这个过程要面对很多问题，如防水等。钻出旧屋顶之后，钢柱继续生长，有些直接搭接入口平台，成为入口平台结构的部分；没有跟平台搭接的那些钢柱则继续往上长，作为支撑新体量的基本结构系统。

新体量的立面采用金属帘的玻璃双层围合，使建筑轻盈而有层次，也与旧建筑形成了有趣的时代与技术的对比。我们希望平台的顶面采用镜面材质，可以把旧仓库的屋面反射上去。但后来我们放弃了镜子，因为镜子的反光过于强烈，会消解建筑本身，看不出折板空间的本来效果，把它平面化了。后来我们选择了可以半反光的塑料膜。从前我不太喜欢塑料膜这种材料，因为它没有质感。但为了不增加承重压力，也只能做此选择，我们自以为不成功的材料反而是施工单位很擅长的部分。他们铺了一块以后，我发现折板的交接非常好。我觉得这个成功在于框架搭得非常精细，折板的折角、角度做了精确计算，所以现场拉布非常精确，而且施工速度非常快。当然中间还有很多博弈，包括侧面我们说要用黑色，但是施工单位说不行，博弈了很久。这不是技术问题，而是原则问题。他们不愿意承认自己的错误。我们作为设计师在图纸上标明了黑色，但他们没有施行。这

浮法玻璃厂主入口

对主入口处的旧建筑内部做改造

个时候设计师不能妥协，因为这样做会损害整个立体"黑色盒子"的效果，所以我直接投诉到甲方高层，所有的事情都可以不做，但是这个必须要做，我们自己出钱也要做。最后，这里终于漆黑了，当天就做完了。就这么一个简单的折板，我们要化成 53 块小平面。这 53 块平面，还要使其位置跟柱子形成一种交接的关系，比想象中的复杂。我们边设计边施工，结构图一出来，就直接发送到现场开始搭。我们觉得难度很大，但实际上我发现，在现场施工时反而没遇到什么问题。双年展期间，这里是作为一个咖啡厅在使用。新的结构和旧的结构很和谐地在一个空间里，以不同质感、颜色相互承接，十分丰富。

从平台进入到烟囱螺旋楼梯的过程中，可以看到新旧很强烈的对比。这个建筑物最有意思的地方是：公共空间是通过围绕着烟囱的步道下来的。当时这个结构问题大家也考虑了非常久，最终解决方法是用了一个"套子"，这个"套子"跟旧的建筑物其实没有发生关系，它是自成一体的。旋转楼梯其实搭接在新的结构上，不与旧的建筑发生实质结构关系，只成为一种很有意思的风景。通过这个项目，我们也学到很多。

一位很优秀的照明建筑师帮我们实现了一个梦想。我们原来一直想在旧的房顶上做个水池，但由于承重问题没有实现。我试想用一种虚无缥缈的幻影般的感觉来替代真实的水池。这位照明建筑师用灯光在屋顶做出了水流的效果。在现场，特别是夜晚最能体会到那种动感，非常像浮云的场景。

砂库公共区

砂库公共区原本是浮法玻璃厂里长达一百米的仓库，也是这次改造的一个重要部分，面积非常大，足有五千平方米。我们做了不少尝试，让新的结构在旧的空间关系里形成了一套系统，但外面保持不变。

砂库原始厂房本身并没有显著的空间特色，但已有空间方正而实用。也因为如此，砂库承担了双年展中的公共服务功能，例如演讲厅、大型展示厅或教育活动区的功能。我们在此部分进行了简单的改造。我们在首层保留了原有的三个独立空间，可以在那里进行展示、演讲或其他教育活动。它们分别有独立的出入口，

浮法玻璃厂砂库区外观

互不干扰。新增夹层将原本独立的三个功能空间自然地连通起来，路径形式和连接楼梯各有特点，提供了新的丰富的空间体验。我们也对原有破损的地方进行了修补，如简单的立面喷漆。

我们将主立面打开，通过采用工业使用的临时、经济且有不同透明度的材料，引入自然光线，下午的光线洒进来特别漂亮，使得原本平淡、封闭的空间有了透气和空灵的感觉，令人产生时光难以捉摸之感。

这是对具体场地具体功能的一次简单、直接、有效的改造设计，它的功能和美感相得益彰。我们用了一些很经济实用的方法来解决问题，例如立面使用PC板、镀锌铁皮这种很便宜的材料。因此，砂库项目的挑战是如何省钱。其实省钱的材料也可以是好材料，我们用了透明和半透明的PVC板做了一些过桥、立面的改造。在施工过程中，施工单位现场发挥，用脚手架搭了个演讲厅，搭得非常好，而且我们没有出图，还用两层建筑模板解决了荷载问题，很多人同时站上去也没有问题。其实施工经验完全可以弥补建筑师缺失的一些知识。演讲厅是在一

浮法玻璃厂砂库区内部的改造

天之内搭好的,而且还漆上了颜色。这个砂库挺有意思的,有些社区朋友也在这里搞演出、做演讲。我们搭的新结构,被很多人充分利用了起来。

浮法玻璃厂的改造和沙库公共区的改造是我们2013年上半年所做的工作。我们所有的努力就是希望在旧的东西里"长"出新的东西,但新的东西不只属于某一个团体,而更多地是和公共空间发生关系。如何把公共空间纳入设计的范畴里,这需要建筑师思考得更多更深入,而不只是考虑结构方面的问题。原来的旧厂房与现在的空间,以及破碎的立面对比很鲜明。破碎的立面其实是喷漆到最后阶段没钱了,于是形成了斑驳的肌理,但是大家觉得还挺好的,就保留了下来。室内空间也从封闭的旧厂房变成宽敞明亮的公共空间,里面还配置了一个羽毛球场。半透明的桥连接两个主体空间。第一个仓库改造的成果看上去像是一个剖面,原本剖面上的想法在现实中都非常直观地表现了出来。

问答部分

Q1：请问广东时代美术馆在实际使用中的效果如何？设计师的想法非常好，尤其是强调高层建筑公共空间的交流与使用，并赋予它更多的含义。但实际上这个美术馆被放置在楼顶、楼中间的公共空间时，可能不会被频繁地、主动地使用。那么在设计的过程中，您是如何引导大家去更多地使用这样的空间的呢？

刘珩：这是一个挺好的问题。在美术馆项目前期，我们也做过很多的功能研究。最终，我们选择的功能都是生产性的，而且跟住户每天的生活息息相关。并且，它们被嵌入人们必走的日常路径上。比如说你在地下停车之后，会经过美术馆；儿童的制作区也放在首层与二层。14 层艺术家工作室创作出来的作品，以及一些大型作品，才会放到顶层 19 层的展览空间。

在我们看来，19 层的展览空间兼顾集会与培训功能，而非日常性的一般空间。但平时最高的一层需要一些"动力"让人到那上面。而底层的共享空间，是更加高频率、高密度的穿越空间，我们尽量提供一些日常使用的工作间或者儿童区给大众。

关于空间的选择、高度的选择及其功能的选择，我们做了很多研究。大跨度的空间必须，也只能放到顶层，因为没有办法在居住层新搭出一个一百多米长、12 米宽的大空间，否则甲方会失去至少十个单元的收入。我们的目的不是削减甲方的收入，而是为建筑附加价值。

Q2：您在演讲中提到的那些对您有影响的书、电影，如何被应用到设计中？

刘珩：我并没有直接借用这些对我有影响的事物。我觉得建筑师最重要的是修养，修养不是一天能够培养出来的，它其实是长期的积累。这些积累对我有潜移默化的影响，我永远都不知道它什么时候会成为下一个项目的灵感。我想表达的是，你必须有吸取营养的能力。其实我不会很拘泥于几个人、几本书的影响。现在有很多新的事物，都可以滋养你。比如，一些跨专业的新事物、生物学、食物链对你的建筑有影响吗？可能没有直接影响，但你应该知道它的系统是怎么工作的，这些系统性的知识也许有助于你思考建筑。

Q3：您的演讲令人印象深刻，特别是对修养和"轻"的思考。我想问的是，您是如何协调工作与生活的？

刘珩：必然要接受的是，作为女性建筑师的确要放弃很多，我不是很赞同大家像我这样。我没有结婚，因为工作占了我生命中很大一部分的时间。我的工作时间是早上 10 点到晚上 12 点，中间会穿插一些很有趣的事情，比如回学校教书，见一些朋友，参加一些小展览，这些反过来会丰富我每天近 12 小时的工作内容。我觉得每个人，特别是女孩子，在人生每个阶段都要做该做的事情，该谈恋爱谈恋爱，该结婚结婚，该生孩子生孩子。我觉得不要把建筑当作工作，而要当成爱好，这样即使有一段时间需要放下它，但如果有机会，仍然可以拿起来继续往前走。建筑不一定是苦修的行业，而是充满乐趣并可以持之以恒的行业。

如果大家觉得现实中碰不到好业主、颠覆了你的理想，那么我觉得，如果你认为自己有能力坚持的话就坚持下去；若暂时没有这种能力，选择暂时放弃，也并不一定是不好的选择。我们事务所超过一半是男生，女生不多。我比较照顾女生们，希望她们不要加班熬夜，但她们也要付出，不过这些都是阶段性的东西。我是不建议其他女生像我这么辛苦的。

Q4：您如何理解理想？

刘珩：我认为理想可以通过很多方式实现，而且你获得的越多，付出的也必然越多。我选择读博士，就是希望作为建筑师能有更多的话语权。因为通过读博士，我获得了教授职称和社会上的尊重。这种尊重为我赢得了更多话语权和主动权，使得做建筑更加顺理成章、顺其自然。在我五年留学读博士期间，以学生的身份见习建筑时，觉得很多东西都不是短期内能完成的。比如，虽然我喜欢做建筑，但是也要搞迂回——出去读博士再回来做建筑，我发现平台升高了一级，能更顺利地做建筑。

我觉得不必太执着于理想，首先实现理想有很多途径，其次它也不是一蹴而就的事情。我相信"水到渠成"这个成语，因为它富有很简单的哲理。有时候刻意追求，反而会失去，因为条件还不成熟。中国也讲"天时地利人和"，实现理想还要看很多方面，包括运气。我想，只要大方向不变，理想终究会实现的。

全球化背景下的地域实践
—— 李晓东

李晓东

　　清华大学建筑学院教授。1984 年毕业于清华大学建筑学院，1993 年获荷兰爱因霍芬科技大学建筑学院博士学位。1997 年成立李晓东建筑工作室，其建筑设计涵盖室内设计和城市空间建筑等领域，作品曾获得中、德、美、荷等国家和国际设计大奖。

　　大家好，很高兴到美院来，我今天要讲的题目稍微大一点，扩展一下，主要讲概念。我认为概念清晰了，建构就自然而然地形而上，然后形而下就变得简单了。

　　中国给世界的印象，是历史非常悠久、文化非常发达。近些年，中国非常急迫地进入现代化、全球化的行列，发展的速度非常快。我的切入点，就是在全球化背景下，我们应该怎么去做建筑。

　　我们的当代建筑实践也就是最近 10 年的事情。改革开放虽在 20 世纪 80 年代初，但实际上前 20 年的实践基本上是个补课、学习的过程，也可以说是复制西方建筑的形式。2003 年，在奥运会的前几年，外国建筑师开始较多地到中国进行设计，我们开始讨论他们。我们的建筑评论文化也就是近 10 年才开始的。

　　先反省一下我们的现实状态。我们以前盖房子很仔细，风水上讲究时间、空间，现在则是一种非常不堪入目的混乱状态。产生这种状态的原因有很多，其中包括人口方面发生的巨大变化。我们的城市化跟西方国家相比，区别很大，他们人口数量的变化幅度很小，而我们是短时期之内的急剧城市化，比如说 30 年中一座城市人口从几十万发展到几千万，这在全世界都找不到第二个案例。

中心与边缘

我先讲一些新加坡的设计案例。从新加坡推演到中国，大家会将这一建筑近代化的发展过程看得更清楚。

新加坡原来是一座荒岛，于 1965 年独立建国。当时，他们首先要明确"什么是新加坡""什么是新加坡人"。国家成立后必须建立国民认同感，新加坡人希望把新加坡建成一个现代化的国家，于是请了很多大师来做设计，其中就包括贝聿铭等世界知名建筑师。

但时隔若干年之后，新加坡人突然发现，当他们从海上回到新加坡时，看到的新加坡如同海市蜃楼，这些高楼没有一点新加坡特色。比如贝聿铭在这儿盖的楼，和他在日本建的房子没有区别。如果日本跟新加坡没有区别，那么新加坡的国民认同感从哪里来？难道只是等高线的区别吗？这些建筑没有切入新加坡的主题。于是，人们在 20 世纪 80 年代末、90 年代初开始讨论"中心与边缘"这个议题，这也是后殖民主义理论发展的一个核心议题。

中国在以前很长的一段时间里都是中心，很多国家都学习中国。但后来中国落后了。整体来说，边缘向中心学习的过程中，有一个很好玩的行为，就是复制。但复制多了，就失去了自己的想法。这也是我们 20 世纪 80 年代改革开放时的一种特殊历史状态。现在杂志上的案例很多，我们可以直接从杂志上抄一些符号。为什么我不愿意讲"建构"，因为杂志上太多了，随便抄一些手法就是。但只从手法讨论，建筑就变成了非常简单而微观的东西。这样一来，中心与边缘的状态永远改变不了，因为你不会创造想法，而只会复制想法。

库哈斯是早期西方的建筑师中最早认识到中心与边缘状态的人之一。他认为现实是肮脏的，建筑师的责任不是把肮脏的东西弄干净，而是对肮脏的东西有所反应，与之对话并产生答案，而这个答案应该是属于这个地方的。他的想法很奇特，认为现实状态就是不协调的，所以他的建筑设计要直观地反映出这种不协调。"不协调"也是他的建筑跟传统现代主义建筑不一样的切入点。这里没有建构、逻辑可言，他的逻辑就是不合逻辑。他为什么会得普利兹克建筑奖，正因为他另辟蹊径，没有简单地去复制。

新加坡人搞清楚了这点之后，开始思考自己的问题到底是什么。首先不是文化问题，因为作为新兴国家，它没有厚重的历史文化。后来新加坡人发现本国的问题就是热带问题、自然问题。当我们讲城市进化的时候，一般来讲城市是文化进化的主观表达，但新加坡是一个特殊案例。新加坡是自然进化的客观表述，它最核心的问题是热带地域问题。在热带盖房子怎么盖？新加坡人思考清楚了，只要遮阳、避雨、通风搞好了，这房子就是属于新加坡本地的房子。

新加坡从 20 世纪 90 年代中期开始大批量建设适合热带气候，并且非常当代的房子，主要的建造方法便是双表皮，运用这种方法建造的房子遮阳避雨效果都很好。荷兰建筑师本身很自傲，但他们也开始抄袭新加坡建筑的思路。在荷兰其实不需要这种方法，但它作为一种建造手法，他们没见过，所以来抄袭。于是在这时，新加坡成了中心，荷兰成了边缘。

在 2007 年有一个得奖的建筑设计案例，它用简单的开窗方式就解决了热带下雨时的建筑通风问题。这种窗户不是横向开的，而是上下开的，风从窗子下面进来，但雨进不来。这样一个非常简单的方法就解决了下雨时热带高层建筑在下雨时的通风问题。这样一来，这些房子在形式上便很有特点，一看就非常热带，但又很当代，提升了新加坡人的认同感。

有了非常热带的当代建筑后，新加坡的认同感逐渐建立起来了。在讨论完"中心与边缘"的课题后，新加坡的新问题在于之后的建筑应该怎样发展。

回到中国，香港地少人多，人口密度很高，完全是另外一种状态。那么建筑师如何抓住核心问题呢？空间小，就必须考虑在同一空间内满足多功能需求。你在哪儿盖房子，就必须清楚这个地方的核心问题是什么，我们把它叫作"大图形"。在"大图形"里面具体做什么、实现什么功能，这是具体建造房子时要做的事，但在这之前要看到大的切入点是什么。

我的一个朋友——设计长城脚下的公社中的手提箱别墅的建筑师张智强，受一家公司的委托做了一套茶具。他做这套茶具的理念，来源于做点心的笼屉。这点特别契合香港这个地方，地方小，但可以把笼屉摞很高，一小块炉子就可以服务很多人。我觉得他的这一整套思路切入点非常准确，这个点不光可以用来做茶具，做建筑也很有用。

从他自己的公寓设计，可以看出他怎么理解对小空间的灵活切割。很多年前，他们家住在一套 32 平方米的房子里，宽 4 米，进深 8 米。我们在北京讲的小户型是 90 平方米左右，他这个小户型才 32 平方米，一家五口人都住在这里，他也出生在这儿。这个小户型有他父母、两个姐姐和他的房间，还有卫生间和厨房。后来，他的家人都搬出去了，这个房子留给了他住。他突然发现这个房子特别大，可以当作城市来设计。后来他就开始改造这个空间，并十分注重空间的组合变化。

他的设计包括对光线的运用，比如窗户白天是窗户，晚上可以作为电影院。现在他把这个窗户改成机械式的了。改造完成之后，这里共有 70 多种变化，他所用的材料都是日本进口的钢板。这个小房子的设计后来在全世界 100 多个杂志里刊登发表过，是曝光率最高的一个小公寓设计。

我们讲的"地域主义""民族形式现代化"，简单意义上就是把传统的东西抽出来符号化，再将其放在现代功能里，就是在形式上、符号上做文章。我们经常把地域主义理解成形式上的东西，这是一个很大的误区。我们最大的误区就是，建筑设计讨论本来是论证题，却简单地变成了选择题：要么选择传统、要么选择当代，要么选择东方、要么选择西方……我们把它们都对立了起来。还有东西方结合这一点，我也不赞同。这是两件没有关系的事，为什么要结合起来呢？为什么不能把它们都去掉，从本土产生一种意义呢？我们现在建的很多房子都是这样，例如 90 年代很典型的房子，就是这种体系的：从建构上来说，它是一个方盒子，简单的现代意义上的框架结构体系，上面又戴一个"帽子"，叫作"民族形式现代化"的中国建筑。我认为这是必须要摒弃的理论上的误区。

当下的形势是，中国发展得很快，需要很多地标建筑，而地标建筑一定要很夸张。夸张主要是从色彩、体量、体块方面来体现的。比如一个本来很小的建筑，建筑师非要加上一些不必要的装饰或做到很大，才能引起公众注意。这就是当下中国建筑创作的"赶时髦"。穿衣服可以赶时髦，但是盖房子不行。

什么叫绿色建筑？我觉得就是实用、经济、美观的建筑。我们能不能用很少的钱，盖出合理的漂亮的房子来？我认为这就是中心议题。所以"库哈斯们"一到中国来就立刻知道中国需要什么，中国需要夸张的表现手法掩盖自己自信心的不足。他们的夸张比你还夸张，你的夸张只是直白形式上的夸张，他们这个夸张到了吓人的地步。但是他们的技术可以达到，但也要付出昂贵代价。大家知道哈利法塔（Burj Khalifa Tower，又称迪拜塔），高 800 米，面积是 50 万平方米，跟央视大楼的面积是一样的。相比之下，我们的建筑是 250 米，造价却是那个哈利法塔的近两倍。原因是什么？因为央视大楼"侧面 S 正面 O"的复杂结构花的钱是一般正常结构的两倍以上。

20 世纪初的前十年，西方建筑师来到中国，把这里当成实验场地，中国建筑师也从中受益很多。一个是建构上我们学到了很多新鲜手法，另外就是大家开始讨论建筑了。而且现在建筑杂志也多了起来，机场里就能见到很多类型的相关杂志。

我写过一本书叫《跳舞的龙》，书中讲了中国当代建筑的发展简史。其中，我提到了一个案例，是 20 世纪 90 年代一位中国本土建筑师设计的房子。房子一看就挺当代的，但是它可以位于德国、美国、澳洲或是中国等任何地方。它等于是抽象的当代的房子，跟我们自身的状态没有什么关系。我们需要反思一下，我们的建筑创作到底出现了什么问题。建构我们可以随时学，但在这基础之上我们要发展出中国建筑师自己的道路。

刚才谈到了轮廓，即自己的切入点到底是什么。现在我想从美学的角度来谈一种切入点，这并不是我的美学切入点，而是从传统美学里发现的一个小小的、很有意思的点。从这个点切入，可以解释很多问题。当你从一个很宏观的角度看西方的发展历史，当你跳出形式的视角再去观看，你就会看得很清晰。《易经》里有一个卦象是"贲"卦。"贲"象是上山下火，意思就是上面稳重，下面充满激情。这个字本身的意思是装饰。围绕这个卦象，可以看到中国的审美讨论在两千年以前就开始形成了一个非常清晰的审美概念，也是中国审美核心的议题——

白贲无咎。

　　年轻人写文章常会用很多华丽的词汇，这是因为思想性不够。"不劳文饰而无咎也"。看南怀瑾老先生写的书，每一句话里都没有夸张的词汇，但思想性非常强。他不需要华丽的辞藻，当有内容的时候，为什么还要从形式上来做夸张的表达呢？

　　孔子有一次卜卦，卜到了"贲"卦，他很不高兴。学生就问他："老师，'贲'卦不是挺好嘛，为什么不高兴呢？"孔子回答道："白玉不雕，宝珠不饰，丹漆不文。"好的东西你不用雕饰它，就像思想性强的时候再用华丽的文字修饰就没有意义了。两千年后，德国人密斯·凡·德罗（Ludwig Mies Van de Rohe）说过"少就是多"。我们这话说得比他早两千年，而且比他更清晰。我们发现，用"贲"这个字可以简单地把西方美学史串起来，从无贲到极贲，就是我们讲的现代主义发展一百多年来经历的几个过程。

　　什么是现代建筑，就是要把装饰去掉，这就是现代主义建筑的框架，是第一阶段。"无贲"——没有装饰，建筑要遵循其功能性。后现代与解构主义所讲的"极贲"是一样的，只是建筑语言不一样，但都是把审美作为一种更夸张的表达手法用在建筑创作里，从而达到一种新的状态。之后发展到了"白贲"阶段，这跟西方经济的发展也有关系。随着 20 世纪 80 年代末、90 年代初开始出现的经济危机和私有化，每个人都重新定义了自己在市场上和社会上的位置。当然，个性很重要，就出现了西方"新现代主义"，也就是说要用材料说话了。材料就是刚才我们讲的"白贲无咎""质有余者不受饰"。在这个阶段，房子不用装饰，混凝土就是混凝土，磨砂玻璃就是磨砂玻璃，通过材质本身来说话就可以了。

　　在这个过程当中我们会发现很有意思的一点，一个简单的"贲"字就可以把西方美学串起来。中国人的很多思想跟西方不太一样，我们不是那么直白，更多地讲含蓄，讲"睹影知竿乃妙"，就是看到影子就知道杆子的存在，这是一种很诗意、很妙的境界。西方人一定要看线性透视，一定要把它立在那儿再描述它。所以西方建筑在形式上一定很夸张，因为人们要直白地看到这个状态。而我们可以不用画水，只通过鱼的形态就可以知道水的存在。这是一个非常妙的境界，更多地讲究关系和协调性，而不是强调个体的重要性。

我最喜欢艺术家吴冠中先生的画，这也是我做建筑的切入点。他的思维方式，他对内心世界、文化的解读都非常当代。

建筑实践经验

1989 年我前往荷兰，之后在那里待了八年——读书四年，工作四年。这八年是既清晰又模糊、既挣扎又拧巴的几年。尤其从第六年开始，我进入了一个瓶颈期，不知道该怎么盖房子、做设计才好。甚至每建造一座房子，都判断不出这个房子是好是坏。你们年轻人将来肯定也会遇到这个问题，没有一个人从开始就清楚要盖什么房子。这是需要积累的，有可能很快，也有可能一辈子都搞不清楚。这个阶段我挣扎了很长时间。之后我到了新加坡，开始研究理论，探讨一些理论课题。再回看中国，才慢慢觉得"我清楚了"，慢慢知道应该怎么做房子了。我觉得做房子应该是充电的过程，是很开心的学习、研究的过程，也是发现的过程。当你把这三点搞清楚之后，盖房子就是好玩的事了。

云南丽江玉湖完小

这个项目很简单，就是一个很直白、造价很低的小学，但实用、经济、美观。创作前我们总说地域形态，而没有讲过地域状态。地域状态包括气候条件、文化条件、资源条件等。我的切入点就是从地域状态出发，寻找一些新的可能性。

当你清楚这些之后就不会刻意做形式上的文章，而是会考虑怎么使盖出来的房子能达到抗震、保温、通风、采光的要求。对学校来说，抗震是很重要的。我想能不能把柱子分开，在其中加一些钢筋，虽然当地的钢筋又小又细，但在有限的资源里，能做到一点是一点。建筑师除了要解决技术问题，还要考虑审美需求等。把陌生的、崭新的东西放在原来传统的环境里，就像滴入了新鲜血液，促使人们产生更多的思考。

在当地盖房子要用当地资源，其中包括劳动力资源。如果当地工人看不懂

云南丽江玉湖完小，与当地环境融合

云南丽江玉湖完小，夏季通风、冬季保温

云南丽江玉湖完小

设计图，你就要努力让他理解，这是房子建造过程中建筑设计师要特别注意的方面。在某一个环节疏忽而差之一毫，那么最后的结果可能就是失之千里了。这个小学的建筑达到了夏天通风、冬天双层保温、采光比之前有改善等最基本的要求。回过头来再反省一下，其实就是简单地根据需求把这个房子盖了起来。这样建出来的东西就是基于本土"长"出来的东西。

丽江淼庐私宅

这个项目虽与丽江玉湖完小在同一个村子里，却在玉龙雪山山脚下一个很荒芜的地方。刚才我之所以谈到"贲"卦，我想说的是，中国建筑能不能从根上找一些理论来作为支撑点？比如说阴阳平衡。大家别把这个当成老古董，实际上在建筑创作当中，若能把它运用得好，可以解决很多问题。比如说玉龙雪山是阳刚气非常足的地方，在阳刚气很足的荒野上，盖一个房子不防震就待不住，要让它待得住并跟雪山产生一定的呼应，阴阳平衡可以帮助解决问题。在我们中国的传统建筑里，建筑跟自然是对话的关系，而不是独立于环境之外的。这个房子建在这儿以后,应该让人觉得它就属于这儿。放一个亭子,这就是聚气的地方。刚才说到玉龙雪山阳刚气很足,那么就要用阴柔的气来平衡它。水是阴,院落围合就是柔,所以围合院落加水的组合,可以用来平衡玉龙雪山的阳刚气势。如此这样,就产生了一个很特殊的气场,人也会觉得很舒服。

建造这座房子也是就地取材,由当地民工来施工完成的,所需材料分别是雪山的石头、木头、雪水。自然元素直接转化成房子的元素,这样它自然而然便属于这里。

其实这是一个很低调的房子,它强调的是水平线。因为山是波浪形的,想跟它比高度那是"冒傻气",在那么美的自然界面前搞一个花里胡哨的东西也是"冒傻气"。因为你没有办法跟大自然相比,最聪明的做法是陪衬它。这就跟法国菜一样,盘子很大,菜只有很少一点,盘子大也是对菜的尊重。由建筑来看整个

丽江淼庐私宅与玉龙雪山对话

丽江淼庐私宅水景

丽江淼庐私宅院落

丽江淼庐私宅与周围环境，阴阳平衡

丽江淼庐私宅细节

环境，你会觉得雪山的阳刚之气弱了一点，没有那么强势了。它们俩之间开始对话。这时候你发现环境被改善了，我们重新呈现了自然。

在细节设计上，我们没有做任何装饰，只是做到了最基本的横平竖直、严丝合缝，这使房子呈现得更细腻，能被更好地欣赏。基本上室内室外呈现的是一个水平面，从任何一个房间都可以看到雪山和水。

在建构上，房子底下是水，而木头不能沾水，所以用不锈钢来衔接。另外，钢节点容易控制整个比例和准确度，房子的整个感觉都会变得更精致。材料是什么就是什么，不用去过分装饰，它本身就是美的。比如欧洲19世纪末盖的石头房子也是美的。

福建下石村桥上小学

这个项目主要是想尝试中医疗法是否能和建筑设计联系在一起。如果能实现，

福建下石村桥上小学

那么我们中国建筑师们便可以有些和西方不同的想法。中医和西医不一样，我们把人作为一个整体，不是头疼医头、脚疼医脚，针灸扎的地方并不一定是生病的地方。人体是整体的系统，系统之间相互关联。盖房子也可以从这个角度切入，不仅仅是在平地上放一个实体，而是怎么跟整个环境对话。如果把一座房子盖好后，不仅解决了自身的功能问题，而且解决了环境问题，这就说明我们把建筑的意义给拓展了。我想以福建下石村桥上小学这个项目为案例细谈一下我的理解。

我们在福建下石村找到一个很"病态"的社区。所谓"病态"，是指这个村落很衰败。村民原来住在两座土楼里，一座土楼是圆形的，另一座是椭圆形的，它们中间有条河。后来村民们搬出来了，也逐渐失去了集体认同感。因为以前的土楼是他们集体认同感的象征，而他们搬进的新房没有好好规划，也没有公共空间的归属感。

土楼的现状是衰败不堪，没人住，里面基本坍塌得差不多了。我的想法很多：

福建下石村桥上小学主入口

福建下石村桥上小学的一个入口

福建下石村桥上小学滑梯出口

福建下石村桥上小学室内

福建下石村桥上小学的过河小桥

比如能不能通过新建筑的介入，来解决社区的问题？能不能把学校建在两座土楼中间？因为一年级、二年级的孩子是村子的希望，与未来相连接。我想在这个点上扎这么一"针"（多功能建筑的介入），让这座新建筑包含很多功能，如书屋、学校、演出舞台、小商店等。整个村落里面唯一的公共建筑就是这座新建筑，它必然是这个村子新的中心。我们从形态上刻意地让它作为强心针介入土楼的环境。当人失去创造力的时候，一定要让陌生的东西进来，才能激发思考。这座新建筑的形态跟当地建筑形态是完全没有任何关系的。我们用了一个非常当代的形态，目的是把能量疏通出来、积聚起来。

房子盖好以后效果很好，得了很多奖，到处被刊登报道，曝光量很大。BBC在这里拍摄的时候，因为小朋友们没见过老外，都很开心。后来这里成了旅游点，村民在村口盖了停车场、农家乐，村里富裕了很多。这个很偏僻的村落，突然好像开了一个窗户似的。这个设计变成了一个非常积极的元素。建筑师的介入激活了一个村落的生活和经济，我觉得整个过程都很有启发。

北京篱苑书屋

在这个项目里我的野心比较大，想重点探讨技术问题。一般的技术问题跟我们没关系，但是我想，除了前面项目的一些切入点在这里也存在以外，重要的就是怎样通过技术，把设计作为一种手段跟建筑融到一起。技术不是简单的东西，它是一种知识体系。既然是知识体系，它就可以融汇到思想里，而这种思想可以在设计中好好发挥作用。我们刚才讲的可持续、节能环保等，实际上都不只是一种技术，而是一种思想。

这个项目选址在水边。这个地方最开始打动我的就是当地常见的柴火棍。这司空见惯的东西为什么被我用来盖房子？它不是噱头，我想从材料和肌理上探讨

北京篱苑书屋与环境融为一体

北京篱苑书屋柴火棍墙外立面

建筑的各种可能性。这是一件很有启发的事。

项目所在的村子里，路上和居民的院子里都能看到柴火棍。这里的村民基本上从 11 月份开始就要去山上砍柴火棍（不是砍树）。柴火棍每年都会生长，可以用来生火做饭、取暖、照明等。

我想用光线营造合适的读书氛围。如果只简单地在建筑外立面铺一层柴火棍，里面的光线不会均匀，所以我们用了三层柴火棍，岔着放的时候光线是过滤进去的，十分柔和。这是一个出发点。另外一个出发点是钢跟柴火棍的结合。这个房子 99% 的材料是可以再生的，室内用的是木头。当人们不想再用这个房子时，就可以把它当柴火烧了，而钢也可以再利用。所以这个房子不会产生任何污染。另外，这个房子没有经过任何复杂的处理，是纯自然的状态。将来人们会发现，鸟会在里面做窝，时间长了，里面还会长东西出来。这就变得更好玩了，盖房子的过程当中还可以融入自然进化的事情。

整座建筑是玻璃盒子加柴火棍的组合体，这样做主要是为了遮阳，并让光线

北京篱苑书屋室内

可以过滤进去一些。好多人问我，为什么用玻璃，为什么在北方盖房子不用厚重的石头呢？这是因为，首先这个房子没有用电，也就是说没有采暖的可能性。在北方没有采暖的话，房子盖再厚实、隔热功能再好也没有用，冬天还是会很冷。但是用玻璃的话，至少白天光能进来，热量能进来。在立面上，上下的做法并不一样：下层是玻璃在内，外面是柴火棍；上层是里头一层玻璃，中间一层柴火棍，外面还有一层玻璃。这样的话，两层玻璃起到了隔热保温作用，这就是对技术的一个思考。

另外一个问题是，房子本是一个简单的长盒子，为什么要把入口放在很低的位置？这也是出于夏天防暑、冬天保温的需要。因为把入口压得很低，能使它靠近水边，而水的温度比陆地变化要小。比如夏天，外面温度28度，陆地可能更高，而水上温度只有20度，水上的低温空气会进入室内，人在室内就会感觉到凉风习习，这样的室内温度相当于室外树荫底下的温度。冬天的时候正好相反，水是储热的。这也是对技术的思考和巧加应用。

冬天万木凋零时，房子就会"消失掉"，变成跟山一样的颜色。中国的房子

北京篱苑书屋中的光线

北京篱苑书屋入口与河的关系

北京篱苑书屋的雪景

讲究建筑和环境的对话，而不是说"我是主体"，但同时也要注意空间的丰富性。中国传统空间讲的是动态体验，这个房子也是，从不同的地点和角度观察它，你会发现这个简单的房子不只是个小长盒子，而是会从中发现很多有意思的事情。

有一个细节，我们在设计时就想到了。因为基地有高差，如果顺着基地建，房子就会有高有低，出现折线，使整个建筑变得复杂。我们把屋顶统一处理成一条直线。我之前看《叶问》这部电影时，看到叶问打很多拳才能把人打倒。而我想的是，如果一拳能把人打倒就只用一拳。盖房子也是，简单的事情千万别复杂化了。

另外，房子建好以后要怎么使用，也需要建筑师来考虑。这个房子是一个慈善项目，建设的经费花完了，但这儿是图书馆，没书不行。所以我们在网上发了一个希望大家捐书的帖子。从 2011 年 11 月竣工到第二年 2、3 月份的时间，这里的书就摆满了，现在多得已经没地方放了。

都江堰规划

设计这件事想通了之后，我就发现设计一个小产品、房子，乃至一个城市，其实都是一个概念。然后我规划了一个城市，很过瘾，跟大家分享一下这个愉悦的过程。

这个项目位于都江堰下游，共 22 平方公里。最早的规划是把这块土地全变成城市，但我认为这样的规划不对。虽然中国土地不少，有 960 万平方公里，但是 99% 的人仅仅居住在 1/3 的土地上，农业用地也包括在内。我们中国的现状是，人口非常之多，可用土地非常之少，所以农业是一个大问题。城镇化是非常重要的课题，我们的城市化，并不是要把所有土地都变成城市。

上海最引以为豪的就是那几千座高层建筑。但如果上海发生自然灾害或者战争的话，大城市的风险非常之大。城市有承载力的问题，其中就包括风险承载力。在和平年代，大家很少去思考这个问题。

在中国，农村和城市的发展很不平衡。我们如果抛弃掉农村，一来耕地没有了，二来农民都涌入城市，城市会有很大压力。农民突然变成城里人，没有就业技能，不知道做什么工作，这是非常不尊重人本身的价值的。

以前盖房子非常仔细，现在盖房子就是把树砍掉，然后把房子盖在那里，过程非常简单粗暴，我们的城市变得越来越不人性化。

我简单总结了一下国际上每若干年就评一次的最宜居城市，它们的共同点就是人性化的尺度、地域特色、非压迫性环境、过去现在未来的连接、可持续社会结构、交通便利、对老人儿童友好、高绿化率和经济可持续发展模式。这些总结起来，我们可以得出让社会、经济、环境平衡发展的模式。不是说每个人都有汽车和大房子才是理想的城市发展状态，中国这么多人不可能做到这一点。因此我们要考虑与西方不同的切入点，也就是说我们中国城市的发展不能简单照搬西方思路。

为什么要城镇化？一个基本原因是小农经济不可持续，因为小农经济的资源是分散的，没办法深化，土地价值难以提升。城镇化的意义是把这些资源进行整合，之后重新规划，从而提高土地的利用价值。以前种土豆卖土豆，现在种土豆可以卖淀粉，这就是最简单的增值。但是也要考虑一点，不能把土地肆意变成城市。

我们在这个项目中把"云"的概念引了进来。这是个新的概念，我们想重新演绎一下现代城市。我们认为，具备了最精炼的基础设施之后，城镇化就变得非常轻松。我们的于是我们设计了一个新的模式：在 22 平方公里的土地上找一个中心点作为服务区，其他区域根据这个点汇聚起来，城市就这么产生了。一个区域的占地面积跟以前住宅基地的一模一样，也就是说农田一分不会减少。而每个区域距离中心服务区都在一公里之内的步行范围内（这儿没有停车场，因为我们不用开车，骑自行车、步行都可以到达），这首先有利于开发商开发，铺设基础设施线也很便利；其次，我们还可以重新规划整个农业区怎么发展，比如说春天可以种花，发展旅游业等，不同季节可以综合去思考。这样，农村就变成了

都江堰规划

大企业，每个人都是股东。我们把田地当成企业来经营管理时，效率会提升很多。另外，这片基地不能发展任何有污染的工业，因为这里是成都上游。这里可以以农业为基础，综合开展服务业、旅游业等。

所谓集合住宅，就是把原来落在地上、一块地一座的房子集合起来，而居住者的生活质量没有下降，反而可以提升。这样的设计，主要是为了避免以后城市的发展侵蚀掉这些土地。发展公共空间或保留一些高回报率的农业，可以保证人人都有饭吃，解决基本的就业问题。也可以融入艺术，发展旅游业。最主要的是把自然的部分扩大，人均占有地面积缩小。农村与城市应是互助的关系，农村的城市化应是一个良性过程。将来的城市要是这样就非常美好了。

北京凤凰卫视传媒中心

央视大楼有50万平方米、250米高，而凤凰卫视大楼只有5万平方米，限高是60米。那么，要想让凤凰卫视的大楼发出比央视大楼更大的声音该怎么办

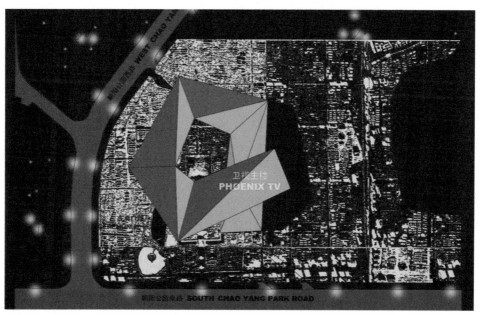

北京凤凰卫视传媒中心平面效果图

北京凤凰卫视传媒中心鸟瞰效果图

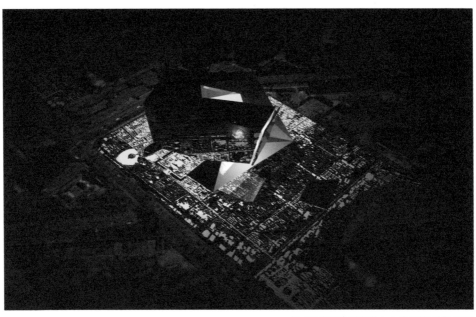

北京凤凰卫视传媒中心鸟瞰夜景效果图

北京凤凰卫视传媒中心室内效果图

呢？因为媒体就是要发出声音嘛，所以我考虑怎么让它看起来更醒目、更夸张，怎么让它如凤凰涅槃般旋转。

基地在朝阳公园的一个角上，我希望它如一个雕塑，因为在公园里做一个雕塑比较合理。另外，旋转过程中不能遮挡公园游人的视线，要让房子盖完之后，朝阳公园还是完整的朝阳公园，人的视线并没有被房子所遮挡。

我们在大楼外罩了一层有孔的不锈钢，上面加了静电。我之前没有尝试过这样做，在钢上加静电，灰尘会飘开，空气会穿过。因此，60米高的房子，办公空间的窗户在自然通风时，灰尘进不到里面，被静电隔离了。这也是在北京粉尘较重的环境下的对策。

这座建筑的结构看似很复杂，其实比央视的简单多了，是非常精简的结构形态。屋顶上方悬在空中的凤凰卫视的 Logo 是用激光打上去的，离地面高度是 260 米，比央视还高。从南边来的飞机都会经过这儿，在很远的地方就能看见凤凰卫视的 Logo。

印尼国家文化中心

最近我们在印尼做了一个美术馆——印尼国家文化中心。当时甲方找我，是探讨印尼建筑新的可能性，探讨什么是印尼当代建筑。

印尼很多建筑师没有很足的信心，很多设计抄袭日本。我给他们出了一个主意，大家能否在巴厘岛做一座能体现印尼的传统认同感，包括热带环境的房子，它同时也是一个文化中心，利用当地材料而建。

在热带丛林里生存必须要遵循秩序。因为丛林混乱又很湿热，秩序可以让人有一种稳定感，所以他们的村落是非常有秩序的，这是巴厘岛印尼历史文化的一种体现。

在巴厘岛盖房子有很特殊的文化背景。20世纪60年代的时候，一位非常有名的斯里兰卡建筑师杰弗里·巴瓦（Geoffery Bawa）做了坎达拉玛酒店（Kandalama Hotel），基本是准当代的"大屋顶"，满足了热带通风、避雨、遮阳的需求。他做的这种形式变成了当地的一个文化符号，巴厘岛的房子基本都是这样的类型。大家去巴厘岛都是为了体验它的环境，但是经过一段发展时间后，它变得非常商业化。我们能不能在此基础上做一些其他的改变？这个项目应该是当代的，也更契合作为文化中心的建筑本身的功能。

与篱苑书屋有些像，我用竹子做了一个立方体分割状的建筑。其顶上是个玻璃盒子，里面也是个玻璃盒子，可以通风；竹子过滤掉光线，让光漫射进来。建筑两边有水，水的温度可以通过冷热交换调节室内空气（这跟刚才讲的篱苑书屋有点像）。我们通过电脑模拟来计算竹子需要多粗、多少间距，以便让光更好地照进来。我们做了很多电脑模拟实验，这个案例的技术是领先的。

最后我们设计出好多相同的立方体，和传统村落很像，使用竹子、混凝土两种材料建成。竹子是本土的材料；"重复"是热带的一个基本的理念表达；而光线又是具体功能上的需求。这个设计再现了传统村落，但这个村落又是以一种非常抽象的立方体形式呈现出来。所以它既是当代的，又表现了本土化的概念，是我们针对热带所作的新颖答案。

创作时如果结合地域状态而不是地域形态进行创作，你的创作空间和潜力会非常巨大，不会被某种形式所限制。如果你被形式所限制，总是绞尽脑汁想什么形式最好，我觉得是一件很头疼的事。但是当你把问题本身彻底搞清楚之后，你会发现答案产生的过程会变得非常有意思。

问答部分

Q1：我有一个关于篱苑书屋的问题想请教您。我曾经去过那儿，但不知道什么原因没有开门。我想请教柴火棍如何防火？整个屋子的玻璃，尤其是屋顶玻璃如何清理？我理解您说的，将来柴火棍会长植物、会有鸟飞来，这是一个非常好的想法。但是它变脏了以后会影响人们在里面阅读的感受，也是一种不好的体验。

李晓东：这个项目在11月发布到网上后，第二天就有人回帖子说："柴火棍里面是书，让人想起焚书坑儒。"CCTV的大楼一个鞭炮就点着了，但一座钢筋混凝土的房子怎么也会被点着？一个柴火棍的房子想点着的话太容易了，可是村里从来没发生过火灾。为什么？火源控制得好。我觉得事情都是相对的，防火跟火灾这事是相对的。在房子里面当然会设有灭火器，每个角落都有。但当地的自然条件是：首先，那个地方雷劈不着，因为它在山谷底下；其次，那里没有火源。我为什么一直在乡村盖房子呢？因为话语权在我这儿，不会受规划局的条条框框所限制，这样也可以让你做很多实验性的东西。在这里，防火和不防火也是一个相对的事。

第二个是关于玻璃清洗的问题。你说的这个问题我当时也想过，但并没有成为一个很重要的思考点。顶上两层玻璃，里面那层是不清洗的，上面那层是自然清洗的（它是斜着的，有一个角度，雨水可以冲洗）；侧面不清洗。将来我是希望能看见鸟在上面，虫子在上面。玻璃再怎么样，透光率不会减少，只是有一层灰。但我们并不是为了从玻璃看出去，而是为了让光进来，柴火棍本身就是过滤光的功能。而且那个地方没有那么多尘土，它是很干净的地方。

Q2：我一直对"地域性""地域主义""地域性建筑"这几个概念的界定有一些困惑。举个例子，我们经常说科里亚（Charles Correa）作为代表性的地域性设计师，在热带回应了气候问题，很好地解决了通风问题。但是我在想，这样的住宅虽然回应了热带气候问题，但我们把它搬到广州、海南是不是也非常适合呢？

李晓东：其实要讲清楚"地域主义"，需要另做一个讲座，在这里，我只能简单概括一下。地域主义的发展本身有将近两三百年的历史，有全球化就有地域主义。地域主义源起就是为了抵抗全球化、现代化对地域的冲击。两者是必然的对立面。我觉得我们需要对地域进行更深刻的反思，核心意思是，在本土化基础之上怎样才能可持续。所以我们现在讲得更多的是地域状态，而不是地域形态。

科里亚的房子我也去看过，他的建筑移植过来肯定是不行的。上个世纪 50 年代，柯布西耶和路易斯·康盖房子的时候，他们对于热带的表达并不是很清晰。比如路易斯·康早期做的管理学院的房子很古典。而印度建筑师多西（B.V.Doshi）跟科里亚两个人学到了现代的手法，并领会得很透彻。热带的地方应该很随意、很放松，必须穿着裤衩、拖鞋，新加坡人就是这样。你完全放松以后，才觉得新加坡人是新加坡人，他没有端着，这就是地域状态。你把这个状态理解清楚以后，就能把问题定义清楚。就着问题找答案，就很容易了。简单地复制肯定不行。比如广州还有冬天，跟印度、新加坡不一样，它有一个冬季保暖的问题，因此肯定不适合这种建筑系统。另外，人们的生活方式也不一样，印度的干热跟新加坡的湿热也不一样，所以答案不可能一样。我国的地域跨度很大，文化非常悠久，我们可以从文化、地域状态上找很多切入点。大家可以玩的东西还很多。

Q3：您做的小学校设计用了当地原生态的材料，请问您是怎么把儿童色彩斑斓的心理跟原生态的单一色调的材料相结合的？

李晓东：若我在兰州要做一个小学，就会用色彩更多的东西，因为在城里盖房子自然要想这些事儿。做丽江玉湖完小实在没钱，没钱的时候挺难办的。我们多一个想法都不行，实在没法儿办，到那里就结束了。

提问者：这样做对儿童的创造力、彩色梦想，会有影响吗？

李晓东：影响很大。当时他们找我做小学，要求中很重要的一点，就是怎么把教室规范性的东西跟创意、灵活的公共空间、色彩相结合。我甚至想让标准的东西都架在上面，底下都是灵活的。比如操场不是标准的一圈，而是有树木、农田。我觉得这些都是可以探讨的。

中国台湾有个建筑师叫黄声远，在宜兰做过文化中心的改造。学校的操场是跑出去的，其中有一段是桥。400米的跑道，其中200米在桥上面，底下有水，还有学生玩滑轮的地方。这为什么不可以呢？虽然在桥上，跑道还是跑道嘛。这又不是奥林匹克比赛，所以可以很灵活。建筑师应该不要先入为主地把已有的东西当成模式来加工，而是要想到有其他的可能性。当然研究儿童心理学很重要，比如怎么让小孩儿更有创意，在更没有压力的情况下去学习，但是标准化也很重要，毕竟标准化在经济上便宜，这是很现实的因素。

Q4：李老师，您如何看地域主义的前景？

李晓东：地域主义的前景很光明。我们盖房子都应该从地域主义的视角出发。我一直强调全球化背景，但我们对地域主义的界定比较模糊。现在钢筋混凝土、玻璃等建筑材料都已经在那里了，我们没有必要排斥它们。所谓地域性，就是说能不能更加因地制宜。比如宜家盖的房子，所有材料都是800平方公里以内能方便取得的，这就是地域式盖房子。

Q5：由于网络社会、物流、城镇化等位移情况，地理地域性所带来的种种效益或者可能性，也许正变得越来越低。而物流、交通、通讯等因素，也使得位移带来的效益更高。这中间是不是有一种矛盾？在这种背景下，地域主义的前景会是什么样的？

李晓东：物流这事儿也是相对的。比如，从石家庄能买到的一种材料，跟从意大利进口的肯定不一样。物流方面肯定哪里都能到，花多少钱，还是适度为好。现代理论里面一个最重要的说法就是适度，它的意思是实现一种功能所用的是最经济的资源就可以了。还有一点就是刚才探讨的建筑形态问题。20世纪80年代初的时候，国防科技大学送给清华建筑学院一部电脑，电脑有多大？跟我们办公室那么大。第二年，"苹果"送我们一台非常小的电脑，比那个功能还强大。而现在，电脑是一块小板，将来可能连板都没了。我想说形态的东西变得不重要了，就像云，云是缥缈无形的。

我为什么总批判非线性？非线性在一百年以前就出现过，只不过不是曲线，是折线。未来主义的房子夸张极了。再看塔特林20世纪20年代盖的第三国际纪念碑，央视那个建筑就是从那里学的。只是那个时候没这个手段而已，但是那时人家就在想未来的房子是什么样的。不过，我觉得我们千万不能用现在的眼光看未来什么样，而应该用未来的眼光看现在的问题。建筑师是给未来提供环境的，这个环境应解决现在和未来的问题。所以不能简单地想象未来的房子一定是曲线的，或者是其他什么形态的，那是不可持续的。

地域主义重要的是基于本土、基于问题本身，每一个问题都是独特的，每一个房子的答案也是独特的。路易斯·康从美国大老远跑到印度盖房子，肯定不会那么清楚地了解当地的地域情况，中国建筑将来的发展也不可能靠西方建筑师。最好的房子、最适合中国的房子，一定是我们自己盖的，但是我们需要一个学习的过程。

后记

美梦成真

—— 庄雅典

  1984 年，我到美国圣路易市的华盛顿大学研修建筑设计硕士的课程。在学习的过程中，除了在课堂上与老师互动之外，我认为对我学习助益最大的就是听大师的演讲，每学期由学校联谊会负责组织一整学期的讲座，学生们每学期拟定一个主题，并根据这个主题请相关的建筑师来做演讲。

  听建筑师讲解自己作品的创意过程是最能学习到设计精髓的方式，因为每个人都有自己独特的一套见解。我能在短短的一两个小时之间听到深入浅出的建筑设计的理念与构想，可说是开足眼界。由于圣路易市是一个小城市，华大的演讲是向大众开放的，因此，当地的建筑师、华大毕业的学长们都会回来听演讲，而演讲完的小酒会也变成讲师与听众交流互动的场所，更是圣路易市建筑从业人员与学生们联谊的空间。我在圣路易市住了三年，毕业以后也都会找时间回学校听演讲。后来，我搬到波士顿工作，有机会就会到哈佛去听这种公共讲座，自觉这是学建筑非常重要的一环，让人受益匪浅。

  在美国七年后我回到台湾，依然很怀念毕业后回学校听讲座的日子。因此，在台北沈祖海建筑师事务所任职期间，我以公司名义，邀请到台湾的建筑师及其他各个行业的设计创意人到公司做演讲，先后成功举办了二百多场。

  2003 年，我来到北京创业，又想起听演讲的那些美好时光，便向中央美术学院吕品晶院长及时尚廊许总经理提出这个想法，我的提议获得了他们的一致认同，我们定下每年举办 10 场设计讲座、10 年举办 100 场的目标。这些讲座在中央美术学院举办就以"雅庄建筑设计讲座"为名，在时尚廊举办则冠名为"时尚廊雅庄设计沙龙"，从 2011 年至今已成功举办了 50 场。此次，我们与北京大学出版社合作出版第三本建筑设计演讲专辑，旨在为中国当下如火如荼的建筑行业贡献一点心力。本书以"建筑的起点"为主题集结了九场演讲，演讲嘉宾为业内著名的建筑设计师，他们以创意的实践为切入点，亲自讲述其设计的灵感与实践的经验，听众得以与著名建筑师近距离交流。

这本专辑的结集出版为我们近几年的努力做了一个见证，感谢策划团队和所有参与稿件整理的工作人员：徐旸、张青梅、温鹤、陈倩、陈榆文、范雨萌、冯惠萍等，以及所有参加"雅庄建筑设计讲座"的同学、设计师和其他各界人士。特别感谢中央美术学院的吕品晶院长对"雅庄建筑设计讲座"的大力支持，以及编辑谭燕与赵维女士对本书所有的努力和付出。正是大家的共同努力，才使得本书得以顺利出版。也正是因为大家的帮助，才让我能够美梦成真！